La Laiterie

L'Elevage

La Culture

ET LES Mines

DANS

LE GRAND OUEST DU CANADA.

1892

COMMENT ON ACHETE LES TERRES DES COMPAGNIES DE CHEMINS DE FER

REGLEMENT CONCERNANT LES TERRES DU CHEMIN DE FER CANADIEN DU PACIFIQUE

La Compagnie du Chemin de Fer Canadien du Pacifique offre en vente au Manitob et dans le Nord-Ouest Canadien un certain nombre de lots de terres d'une fertilité incon parable et supérieurement appropriées aux fins agricoles. Ces terres, qui dans toute zone attribuée au chemin de fer Canadien du Pacifique, s'étendent à une distance d vingt-quatre milles de chaque côté de la ligne principale du chemin de fer, sont mises e vente à des prix variant

DE $2.50 PAR ACRE, EN MONTANT

Des informations complètes sur les prix des terres peuvent être obtenues du Commi saire des Terres, à Winnipeg, Manitoba.

(Ces règlements sont substitués aux anciens règlements, et annullent ceux en vigueur jusqu'à ce jour.)

CONDITIONS DE PAIEMENT

Si le paiement est fait au comptant au moment de l'acquisition du terrain, il sera a cordé un contrat de vente du terrain à l'acquéreur ; toutefois l'acheteur pourra ne pay qu'un dixième comptant, et la balance en neuf ans, par paiements échelonnés, avec int rêt de six pour cent par an, payable à chaque échéance de fin d'année, en même tem que le versement annuel.

CONDITIONS GENERALES

Toutes les ventes de terres sont sujettes aux conditions générales suivantes :

1. Toutes les améliorations faites sur le terrain acquis y seront maintenues jusqu parfait paiement de ce terrain.
2. L'acquéreur d'une terre devra payer toutes les taxes et impôts légaux établis s cette terre et sur les améliorations qui y auront été faites.
3. La Compagnie, sous l'empire de ce règlement, réserve de la vente tous les terrai miniers et houilliers, ainsi que les terrains contenant de grandes quantités de bois, d carrières de pierre, d'ardoises et de marbre, ou contenant des pouvoirs d'eau et des éte dues de terres pour emplacements de villes ou constructions de chemins de fer.
4. On disposera, à des conditions très avantageuses, des terrains miniers et houillier des terres à bois, des carrières et des terrains contenant des pouvoirs d'eau, en faveur d personnes donnant des preuves indiscutables de leur intention et de leur capacité de l utiliser.

La Compagnie du Chemin de Fer Canadien du Pacifique a adopté un tarif très rédu sur tout le parcours de son réseau, en faveur des colons, pour le transport de leurs pe sonnes et de leurs effets mobiliers.

Pour plus amples renseignements adressez-vous à

L. A. HAMILTON,
Commissaire des Terres de la Compagnie du Chemin de Fer Canadien du Pacifiq
Winnipeg, Manitoba.

TERRES DU MANITOBA MERIDIONAL

La concession des terres de la Compagnie du Chemin de Fer Manitoba Sud-Ouest est actuellement vente et offre des chances exceptionnelles. Cette concession se compose d'au-delà de 1,000,000 d'acres d terres les plus fertiles d'Amérique, parfaitement appropriées à la culture des grains et à la culture mix dans une zone de 21 milles de largeur, située immédiatement au nord de la ligne internationale des Etats-Un et du 13e rang en allant vers l'ouest. La partie de cette concession située entre le rang 13 et la limite ou du Manitoba est fort bien colonisée, les *homesteads* (octrois gratuits), ayant été occupés depuis longtem Les acquéreurs de ces terres bénéficieront immédiatement de tous les avantages de cette colonisation de ancienne : les écoles, les églises et l'organisation municipale. La fertilité du sol a été surabondamment é blie par les récoltes splendides qui ont été faites d'année en année dans ce beau district.

La contrée est abondamment pourvue d'eau fournie par de nombreux lacs et cours d'eau au nombre d quels nous citerons principalement le lac Rock, le lac Pelican, le lac Whitewater, la rivière Souris et ses t butaires, ainsi que des criques dont les eaux toujours jaillissantes prennent leur source dans le Mont de Tortue. Le bois s'y trouve en grande abondance et les bois de construction se manufacturent à Desfor Deloraine et Wakopa et peuvent s'acheter à des prix très raisonnables. Dans ces deux dernières localités, y a aussi deux moulins à blé en opération.

Les conditions d'achat des terres du Manitoba Sud-Ouest sont les mêmes que celles de la Compagnie Chemin de Fer Canadien du Pacifique.

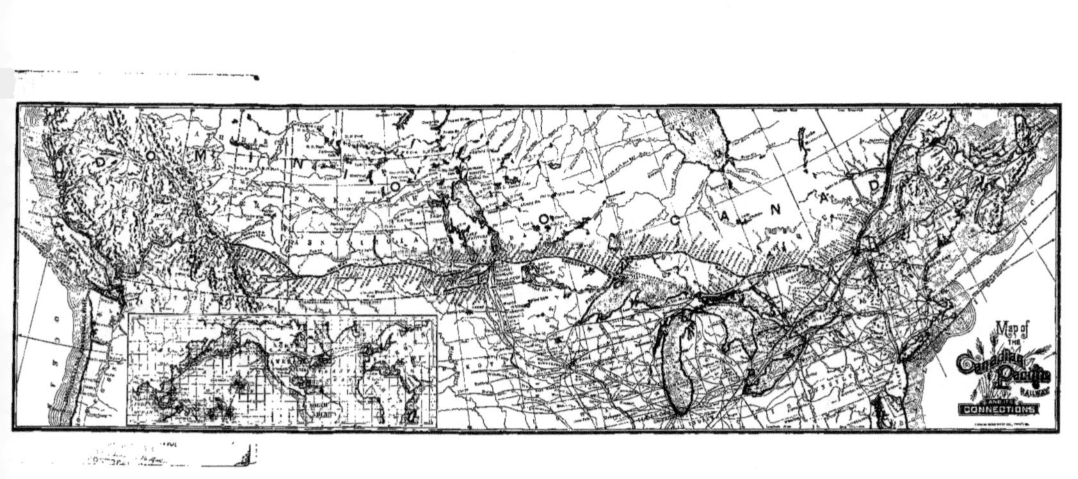
DOMINION OF CANADA
Map of
THE
Canadian Pacific
RAILWAY
AND ITS
CONNECTIONS

LA LAITERIE

LA CULTURE

L'ELEVAGE DU BETAIL

ET LES MINES

DANS LE

GRAND OUEST DU CANADA.

LAC VERMILLION A BANFF

LA CULTURE MIXTE

L'ELEVAGE DU BETAIL ET LES MINES

DANS LE

GRAND OUEST DU CANADA

QUI DEVRAIT ALLER DANS LE DISTRICT D'ALBERTA, LE GRAND OUEST DU CANADA?

Si le district d'Alberta offre des avantages aux émigrants laborieux de toutes les nations civilisées, il y a cependant une certaine catégorie de colons qui ont des chances toutes particulières de réussite dans cette fertile contrée, à cette période de son histoire, nous voulons parler des fermiers pratiques possédant un petit capital, amenant avec eux leurs familles, et surtout les cultivateurs-laitiers d'Angleterre, de France, de la Belgique, de la Suisse et d'Ecosse et d'Irlande. A cette catégorie de colons, le district d'Alberta offre des chances de succès qu'ils rencontreraient difficilement dans d'autres contrées : Un pays avec de bonnes lois, où la vie et la propriété jouissent de la protection la plus éclairée, où l'on trouve tous les avantages et toutes les facilités d'une instruction progressive, un pays ensoleillé avec un climat des plus salubres ; un pays où des millions d'acres de terre vierge sont ouverts à l'activité des nouveaux arrivants ; où s'obtiennent des concessions gratuites de terre dans une des régions les plus progressives de notre temps, où l'on rencontre d'excellents débouchés qui d'année en année augmentent d'importance ; une véritable terre promise où la fortune attend l'homme laborieux, l'homme d'initiative.

Le capitaliste trouvera dans le district d'Alberta un champ riche et fécond pour y faire fructifier ses capitaux : ce serait en vain qu'on tenterait d'énumérer les nombreuses occasions de placements avantageux qui se présentent journellement ; ils sont légion. Chaque jour, on signale la découverte d'une mine nouvelle, ou l'établissement de quelque nouvelle industrie qui promet des bénéfices considérables ; partout on sent le besoin de capitaux ; les industries en rapport avec l'élevage du bétail, des moutons et des chevaux, ou encore avec l'industrie laitière sont à elles seules assez considérables que l'imagination a peine à les embrasser, et les capitalistes trouveront dans le district d'Alberta un grand nombre d'entreprises à commanditer qui leur donneront de larges profits.

Une perspective brillante s'ouvre dans le district d'Alberta pour le travailleur, pour l'ouvrier de ferme laborieux, de bonne volonté, qui s'engage pendant quelques années comme aide, le temps d'amasser le petit capital nécessaire pour prendre à son tour un train de culture : s'il est sobre et économe, il obtiendra un succès plus brillant que tout ce qu'il aurait pu rêver d'extraordinaire.

Aux jeunes servantes des vieux pays et particulièrement à celles qui connaissent les travaux des métairies, nous pouvons dire : on a besoin de vous, de votre travail et de votre expérience, dans le district d'Alberta, et vous obtiendrez de beaux gages. Ce sera votre faute si vous perdez votre temps à chercher de l'occupation alors que, dans ce pays-ci, de nouvelles bâtisses chaque jour semblent sortir de terre, où des colons en progrès cherchent des compagnes accomplies. La perspective enviable que vous avez d'unir, dans un avenir prochain, votre sort à celui d'un honnête colon et de prendre la direction d'une maison confortable qui sera la vôtre, est assez séduisante pour tenter une jeune fille raisonnable et la décider à venir dans le district d'Alberta, dans le grand Ouest du Canada.

L'invalide trouvera dans le district d'Alberta un climat fortifiant et les propriétés curatives de ses sources d'eaux minérales jaillissantes commencent à être universellement reconnues et célèbrées.

Le sportsman, le touriste, l'artiste, le botaniste et le géologue trouveront que les montagnes, les forêts, les lacs et les prairies du district d'Alberta leur offrent plaisirs, intérêt et informations en abondance ; une immense région au Nord-Ouest du district est à peine connue et en grande partie inexplorée : voilà de quoi satisfaire les chercheurs d'aventures et séduire les explorateurs.

Pour les hommes de métiers, il y a là peu de ressources ; des commis, des marchands d'habits, et des hommes instruits sans profession déterminée doivent s'abstenir de se rendre dans le district d'Alberta : ils sont déjà beaucoup trop nombreux pour répondre aux besoins actuels. La même recommandation s'adresse aux hommes de professions libérales dont les ressources sont limitées et qui voudraient vivre de l'exercice de leur profession ; car il y a déjà ici plus d'avocats, de médecins, d'ingénieurs et d'arpenteurs que de clientèle capable de les faire vivre. Ce qu'il faut à ce pays, ce sont des producteurs et des capitalistes ; des oisifs, des gens prodigues, il n'en faut pas ici, pas plus que des gens dépourvus d'un certain capital, ou inaccoutumés au travail manuel, à ceux-là sont réservés les déceptions et les privations. Des cultivateurs possèdant un petit capital de $500 (£100) à $2,000 (£400) trouveront ici une contrée hospitalière, à condition toutefois qu'ils soient hommes d'initiative et de progrès. Avec $2,000 ou $3.000, un père de famille, avec l'aide des siens, peut faire de très bonnes affaires dans l'industrie laitière ou dans la culture mixte, avec toutes les chances de s'enrichir dans un petit nombre d'années.

QUAND FAUT-IL ARRIVER ?

Le colon qui se rend dans le district d'Alberta trouvera plu d'avantages à arriver de bonne heure au printemps, que dans toute autre saison. Les travaux du printemps, le labour, etc., commencent, en général, dès la fin de février, rarement plus tard que le 15 mars ; il est vrai, que nous avons parfois une échappée de temps froid et désagréable ; mais il y a cependant tout avantage pour le nouvel arrivant de se rendre au pays pour la bonne saison, attendu que s'il a l'intention d'entrer dans une métairie, il sera bien placé pour profiter de la pleine saison d'ouvrage, et puis il n'y a aucune raison qui l'empêche de commencer à gagner de l'argent en fabriquant du beurre. Le colon trouvera qu'en dehors des vêtements pour lui et sa famille, il est bien préférable pour lui d'acheter à son arrivée les objets de première nécessité. Avec de l'argent dans sa poche, il se procurera tout ce qui sera utile et approprié aux nécessités de son pays d'adoption, alors que souvent, l'encombrant bagage, dont le transport coûte si cher et que certains émigrants amènent avec eux, n'est d'aucune utilité et parfois constitue un gros embarras. Lorsque vous êtes sérieusement décidé à émigrer, achetez un billet de voyage direct à destination de Calgary, si vous avez résolu de vous établir au nord ou dans le centre du district d'Alberta.

Ne tenez aucun compte des renseignements décourageants sur cette contrée que *des intéressés* mettent un grand empressement à vous fournir : un grand nombre d'émigrants ont été détournés de cette contrée fertile par des rapports mensongers. Les lettres publiées dans cette brochure sont écrites par des gens compétents et occupant de belles situations dans ce pays, et vous ne pouvez pas vous faire une plus exacte opinion de ce district qu'en lisant ces correspondances avec attention. Quand vous les aurez lues, vous serez bien convaincu que c'est réellement une excellente contrée, et quand vous arriverez, si vous êtes dans les conditions voulues, vous verrez le succès couronner vos efforts.

CLIMAT

Un des charmes de la vie dans ce pays exceptionnellement favorisé, c'est son merveilleux climat. On peut dire avec assurance, et les observations météorologiques sont là pour confirmer ce fait, qu'il n'y a pas, sur cet hémisphère occidental, une région plus ensoleillée, l'année durant, que le district d'Alberta : et sous ce rapport, il est de moitié plus favorisé que toutes les autres régions.

Il n'y a pas de saison de pluie dans le district d'Alberta, il n'y a pas, à l'automne, des deux et des trois mois de temps humide et de boue, de neige fondue et de pluie comme dans le territoire de Washington, E.-U., et ailleurs. Ici le temps est superbe, en automne. Vers la fin de septembre, le temps se refroidit vers le soir, au point de faire prendre en gelée, vers le matin, la surface humide des chemins. Le soleil se lève brillant d'un éclat

LA PÊCHE SUR LE LAC MINNEWAUKA A BANFF

sans rival, la voûte bleue du ciel n'est pas marquée par l'ombre d'un nuage ; l'atmosphère est pure et limpide, brillante et fortifiante, éveille la sensibilité, avive l'intelligence, infusant dans tout le corps la santé et la vigueur.

La plume est impuissante à rendre la splendeur de ce climat, toujours égal, chaud, gai et plein de charmes jusqu'à Noël.

L'hiver est rude habituellement, mais de courte durée Celui qui écrit ces lignes a vu le thermomêtre descendu à 25° au-dessous de zéro fahrenheit ; mais, comme question de fait, il a aussi fait l'expérience de la saison d'hiver en France, en Belgique et en Angleterre, alors que le thermomêtre était au-dessous de zéro et le froid lui a paru plus intense, plus pénétrant et plus désagréable que dans le district d'Alberta, alors même que le thermomêtre accuse 25° au-dessous de zéro.

La différence entre la température de l'Est des Etats-Unis et de l'Ouest du Canada est nettement définie, et fait rejeter le thermomêtre comme indicateur de la rigueur comparative de l'hiver dans l'Est et dans l'Ouest. La raison de cette différence a été souvent expliquée.—L'air dans le district d'Alberta est très sec, tandis qu'il est chargé d'humidité dans l'Est des E.-U.

La saison du printemps est la plus ennuyeuse ; non pas qu'elle soit particulièrement pluvieuse, dure ou longue, mais parce que, étant donné que l'hiver est très court, on est tout naturellement porté à réclamer un printemps hâtif, comme pendant. Et c'est là généralement pour le colon du district d'Alberta, un inévitable désappointement, attendu que rarement le printemps est, ici, en avance sur le Manitoba, ou la province d'Ontario. Ce qui fait que l'hiver est si court, c'est que bien souvent on arrive au nouvel an avant qu'il soit question de temps d'hiver. Mais une fois l'été commencé, le temps est superbe ; et après des journées ensoleillées et vivifiantes, de fortes ondées de pluies chaudes viennent arroser ces terres fertiles comme des serres-chaudes, hâtant la végétation et la fécondant.

C'est un fait acquis que l'air qu'on respire dans le district d'Alberta est, en tout temps, pur et sec, ce qui recommande si fortement ce climat aux personnes souffrant d'affections de bronches ou des poumons. Lorsque le mal est à son début, le climat ne peut que lui être favorable ; mais lorsque le mal est avancé, le résultat est, jusqu'à un certain point, plus douteux. Mais pour conserver la santé, la force et la vigueur, pas un climat n'égale celui du district d'Alberta.

On trouvera ci-dessous le résultat des observations météorologiques faites par M. J. E. Julien, chargé par le gouvernement de l'observatoire de Calgary, pendant les quatre mois allant du 1er juin au 30 septembre inclusivement.

TEMPÉRATURE DE L'ÉTÉ A CALGARY EN 1888.

—	Juin.		Juillet.		Août.		Septembre.		Pluie tombée.
	Min.	Max.	Min.	Max.	Min.	Max.	Min.	Max.	
1	43	73	42	70	48	74	45	89	Juin, 3¾ pouces.
2	43	77	45	68	52	70	47	88	
3	55	65	45	62	45	54	40	79	
4	40	45	42	66	44	59	40	77	
5	58	67	42	63	38	63	50	67	
6	35	65	42	77	45	64	46	72	
7	44	55	44	78	45	62	32	72	
8	45	63	44	79	42	57	36	74	
9	40	71	53	83	45	57	45	55	
10	45	73	52	92	40	65	35	58	
11	51	63	49	79	50	68	28	78	Juillet, 3¼ pouces.
12	33	73	88	66	47	67	42	86	
13	51	71	54	74	41	65	48	63	
14	41	71	45	64	47	75	33	77	
15	50	71	40	64	53	74	39	84	
16	41	72	42	73	50	81	50	86	
17	46	65	46	79	52	85	44	83	
18	45	72	45	81	54	84	50	62	
19	53	61	50	85	50	82	30	71	
20	51	53	55	73	51	87	32	80	
21	41	57	51	79	51	88	48	65	Août, 2.10 pouces.
22	49	56	48	75	51	90	29	63	
23	41	57	50	82	42	79	33	67	
24	46	63	53	75	52	66	28	70	
25	50	60	56	77	52	72	48	57	
26	41	70	39	75	48	87	40	57	
27	46	66	43	67	46	77	35	71	
28	41	63	49	82	47	80	41	69	
29	39	60	49	67	52	67	35	80	
30	43	72	43	67	46	76	47	76	
31	......	......	40	78	42	79	......	......	Septembre, ¼ pouce.

(Voir la comparaison des thermomètres à la fin de la brochure, page 52.)

LES MINES DE CHARBON DU DISTRICT D'ALBERTA

Les gisements connus de charbon du district d'Alberta comportent différentes variétés et occupent une superficie considérable qui s'étend de la limite Est de la province, près de Medicine Hat, jusqu'à Banff à l'ouest ; et de la ligne internationale des Etats-Unis au Sud, aux limites septentrionales de la province, ce qui représente une étendue de terrain de deux cents milles carrés contenant quarante mille milles carrés. (Voir la comparaison des mesures à la fin.) Et si l'on veut considérer que chaque mille carré peut produire un million de tonnes de charbon pour chaque épaisseur d'un pied de charbon que contient la veine, on se rendra compte de l'énorme quantité de combustible tenu en réserve, dans ces plaines, pour le bénéfice des générations futures. Il est difficile de surévaluer la richesse d'une contrée qui, tout en étant l'une des plus fertiles et des plus productives du continent américain, renferme presqu'à la surface du sol un dépôt minéral si précieux.

La qualité du charbon varie suivant les localités : ainsi on rencontre une bonne qualité de lignite à l'Est ; une bonne qualité de charbon bitumineux à vingt-cinq milles à l'ouest de Calgary et qui s'étend jusqu'à proximité de Canmore. Le terrain qui va de Canmore à Banff, sur une étendue de trente milles, renferme de l'anthracite qui n'est pas inférieur au meilleur produit des mines de Pennsylvanie.

Les veines sont d'épaisseurs variables : elles vont de trois à treize pieds. On en connaît encore une quinzaine d'autres dont l'épaisseur varie de 6 à 18 pouces ; mais ce dernier produit ne peut être exploité que dans des circonstances exceptionnelles, dans les localités qui possèdent un marché.

Les lignites de Medicine Hat ont été exploités sur une plus ou moins grande échelle pendant les 5 dernières années, et sont encore en exploitation actuellement. Le produit est un charbon de bonne qualité pour les usages domestiques ; on l'emploie encore avec avantage pour les machines à vapeur fixes. La veine a une épaisseur de cinq pieds environ. Une autre exploitation minière est celle désignée sous le nom de « Lethbridge Mines » connue plus communément sous le nom de « Terrain charbonnier de Galt. » Ces mines ont également été exploitées pendant les cinq dernières années avec un rendement toujours croissant, et sont capables d'alimenter tout le marché. Elles sont situées à cent dix milles de la ligne principale du chemin de fer Canadien du Pacifique et sont reliées à cette ligne par un chemin de fer à voie étroite. Le charbon est excellent pour les usages domestiques et pour les machines à vapeur ; il est d'un transport facile. C'est un charbon moitié-bitume, et la veine a environ cinq pieds d'épaisseur.

L'automne dernier, la Compagnie du chemin de fer Canadien du Pacifique a fait explorer un terrain minier à Crowfoot Creek, à proximité de la ligne du chemin de fer, et a découvert deux veines, une de trois pieds d'épaisseur, et une autre sous-jacente d'environ 13 pieds d'épaisseur. La même espèce de charbon a également été rencontrée dans le nord sur les rives des rivières *Rosebud* et *Red Deer*, la veine s'étend évidemment sur une large étendue, à une petite profondeur.

Ces charbons appartiennent à l'espèce « lignite, » mais constituent un combustible de premier ordre, ils s'allument facilement et brûlent en donnant une forte chaleur ; leur seul défaut c'est qu'ils décrépitent au contact de l'eau. Mais cette tendance pourra disparaître complètement, ainsi que cela est arrivé pour les charbons de la mine Lethbridge, par une exploitation plus profonde. Il est bon de dire ici que ces dépôts de charbon s'étendent dans la direction de Calgary et probablement couvrent, à une petite profondeur, toute la région : ils se trouvent en effet situés sur un plan presque horizontal, la plus grande déviation n'allant pas à 10°.

Les mines de charbons les plus profitables pour l'exploitation sont connues sous le nom des « Mines de Barr River et Coal Creek. » Et, à cet endroit, c'est une variété de charbon toute différente des autres. Ce charbon est bitumineux, il donne, à la distillation, une grande quantité de goudron et d'huiles essentielles, et une qualité de gaz d'éclairage d'un pouvoir éclairant considérable, ainsi qu'une qualité de coke qui vaut le transport. Cette qualité de charbon s'emploiera avec profit dans les hauts fourneaux, dans le traitement des minérais précieux qu'on rencontre dans les montagnes environnantes. Les différentes analyses qui ont été faites ont démontré que ce charbon égalait en qualité les meilleurs charbons bitumineux de la Pennsylvanie.

La veine principale a une épaisseur de sept pieds, avec une couche superposée d'une épaisseur de dix-huit pouces, et de plusieurs autres moins épaisses, mais toutes donnant un produit uniforme.

Cette mine a été exploitée pendant les trois dernières années, mais pas sur une grande échelle, quant à présent, du moins. Le charbon se rencontre à un angle ou profondeur de 30° à 35° ; et sa présence a été constatée sur une étendue de plusieurs milles, au Nord et au Sud. On a découvert quelques veines réellement avantageuses entre Calgary et Canmore, et cependant le district n'a pas été exploré à fond jusqu'à ce jour.

A Canmore, le premier gisement de charbon anthracite susceptible d'être exploité vient d'être découvert : il produit un charbon magnifique et de bonne qualité. La veine a une épaisseur d'environ 4 pieds, mais elle n'a pas une étendue assez considérable pour arriver à un chiffre satisfaisant relativement à sa valeur.

Nous arrivons maintenant aux mines d'anthracite situées à cinq milles à l'Est de Banff. On a commencé à les exploiter il y a environ cinq ans ; mais on n'avait jamais tenté leur exploitation en grand, jusqu'à il y a environ deux ans, où l'on a commencé à en pousser activement l'exploitation. Il y a trois veines, ayant respectivement une épaisseur de quatre et sept pieds, la première produisant un charbon magnifique et brillant. Les sondages ont été faits seulement sur une longueur de quelques centaines de pieds sur la veine de sept pieds d'épaisseur ; mais ils ont démontré une progression constante, et on peut raisonnablement en déduire qu'on se trouve en présence d'une excellente veine. Le charbon est de très bonne qualité, riche en carbone, et, fait digne de remarque, ne contient aucune subs-

LE "RANCHE" STEWART, PINCHER CREEK, TERR. DU NORD-OUEST.

tance délétère. Et en plus du marché local, cette qualité de charbon trouve un immense débouché en Californie et tout le long des Côtes du Pacifique.

Les renseignements qui précèdent suffiront à donner une idée générale de l'importance des mines de charbon du district d'Alberta; il faudra, sans doute, des données plus scientifiques pour en établir la valeur considérable. Le fait de leur existence joint aux résultats vraiment satisfaisants qu'on a obtenus de leur emploi, durant les deux ou trois dernières années ne permettent pas de mettre un instant leur valeur en doute.

FLEURS SAUVAGES

La nature s'est plue à doter cette région de ses dons les plus précieux ; on rencontre ici, à chaque pas, ces enchantements continuels qui font de ce pays l'un des plus beaux et des plus féconds qui existent, et comme au bon vieux temps où Dieu créa le monde, à contempler ce magnifique spectacle, on éprouve une satisfaction sans mélange. Et ce n'est point le moindre attrait de ce beau pays, que ces magnifiques fleurs sauvages qui du printemps à l'automne font l'ornement de nos prairies, toujours renouvelées, toujours belles, depuis le pâle crocus lavendé, qui ouvre la saison et dont la fleur réjouit le cœur du colon en lui annonçant l'arrivée du printemps, jusqu'au bâton royal qui fait son apparition lorsque les autres fleurs sont fermées ou ont disparu.

Parmi les premières fleurs du printemps, nous citerons tout particulièrement cette petite fleur de nos jardins, la violette, si chère à nos cœurs, qui vient nous parler de la mère-patrie. Voici le mois de juin, qui nous amène la fleur des fleurs : la rose. Partout, dans la prairie, on rencontre ce petit buisson avec sa riche parure de fleurs qui répandent dans l'air leur délicieux parfum : ce sont surtout des roses simples, roses rouges, d'un rouge éclatant ; on trouve aussi des roses doubles d'une teinte rose des plus délicates. La fleur disparue, reste un joli arbuste dont le feuillage, en automne, prend une magnifique teinte rouge foncé et brun-rouge et se couvre de petites baies d'un rouge vif du plus séduisant aspect. Les mois de juin et de juillet nous offrent une variété considérable de fleurs de toutes les nuances, la pâle anémone, la clochette bleue parfaite de couleur et de forme, le cyclamean, les lupins si exquis et si charmants dans leur coloration bleue, rose et blanche; la première assez commune, les deux autres plus rares; et enfin les bandes de thym pourpre et sauvage qui déversent dans l'air leur parfum exquis et pénétrant. La plus riche de toutes nos fleurs, c'est le lis rouge-orange, ce magnifique joyau de la nature, qui pousse ici à profusion et couvre des acres entiers de sa brillante parure. Et au milieu des lis, avec lesquels elle produit le contraste le plus plaisant, on trouve une fleur à laquelle je ne saurais pas donner son nom, mais qui mérite une mention spéciale pour sa beauté et sa profusion: elle atteint une hauteur d'environ dix-huit pouces; la tige est couronnée d'une grappe de fleurs que l'on dirait faites en cire, et dont la couleur va de la teinte mauve légère à la teinte orange la plus brillante: mais la couleur dominante est le jaune. Je citerai encore une autre fleur qui a beaucoup de ressemblance avec l'aubours, comme forme et comme couleur, et enfin le Tourne-Sol éclatant et superbe. Cette fleur qui s'élève à un pied, et souvent plus, du sol et qui a un diamètre de trois ou quatre pouces est entourée d'un cercle de magnifique feuilles d'un jaune d'or qui se détachent comme autant de rayons d'un centre d'une couleur rouge brun d'une richesse de ton splendide; la beauté sauvage de cette prairie aux tons éclatants charmerait, enchanterait les goûts les plus artistiques.

Et on en cueille vraiment peu de ces fleurs qui couvrent à profusion notre fertile et riche contrée.

" Fleurs d'or et d'azur,
Qui brillent dans notre firmament terrestre."

ELEVAGE DES CHEVAUX

Comme centre d'élevage pour les chevaux, le district d'Alberta, est au Canada, ce que le Kentucky est pour les Etats-Unis, une région où les chevaux atteignent la véritable perfection.

Sa situation septentrionale, son altitude, son atmosphère sèche et fortifiante, ses courts hivers, ses pâturages d'une richesse incomparable, son approvisionnement abondant de l'eau la plus pure et la plus limpide sont autant de conditions favorables à l'élevage et au développement de ce noble animal ; et bien que cette industrie soit encore bien jeune, la race de chevaux du district d'Alberta a été remarquée pour sa résistance, la vigueur de ses poumons et son exemption de maladies héréditaires et de toutes les autres maladies en général.

Il y a actuellement dans le district d'Alberta au-delà de 20,000 chevaux de différentes espèces, depuis le vaillant poney indien (Cayuse), jusqu'au superbe pur sang aux formes altières. On a importé, à grand frais, des chevaux pur-sang, d'Angleterre et du Kentucky ; des chevaux Clyde, de l'Ecosse ; des percherons, de France et des trotteurs, des Etats-Unis ; le résultat obtenu de ces croisements nous permet de constater que les jeunes chevaux du district d'Alberta peuvent soutenir la comparaison avec ceux de n'importe quelle partie du monde. Il serait difficile de trouver un plus beau choix de chevaux que celui qui a figuré à la dernière exposition agricole de Calgary, et il est hors de doute que chaque année nouvelle sera marquée par quelque progrès décisif dans cette branche d'industrie.

Comme placement, l'élévage des chevaux dans le district d'Alberta donnera de sérieux dividendes, et le fermier ou le capitaliste qui viendrait visiter cette contrée dans le but de s'engager dans cette branche d'industrie trouvera des millions d'acres de pâturages possédant tous les avantages naturels et toutes les conditions requises pour le succès dans l'élevage ; il n'aura que l'embarras du choix de l'emplacement d'un haras. Il trouvera ici une contrée où l'élevage des chevaux, sous le rapport de la dépense, n'entraîne qu'un débours minime ; car s'il est indispensable de faire un clos, de construire des abris pour l'hiver, et de rentrer une certaine quantité de foin, afin d'éviter les pertes d'animaux pendant les temps les plus durs de l'hiver, on trouvera par contre ici une provision illimitée de plantes fourragères. Le bois de construction coûte tout juste le prix de la coupe et de la livraison. Et si vous considérez le petit nombre d'aides nécessaires pour mener à bien la besogne, vous jugerez facilement des bénéfices que peuvent réaliser les personnes engagées dans cette branche d'industrie, comparés avec le peu de dépense qu'elle entraîne, lorsqu'elle est conduite avec intelligence et d'une manière pratique.

Pendant les temps les plus durs de la saison, les chevaux se développent en liberté dans les ranches tout le long des collines, au pied des Montagnes Rocheuses, sans autre nourriture et sans autres abris que ceux qu'ils peuvent trouver d'eux-mêmes, et au printemps, ils se retrouvent gras et bien portants, le poil lisse et brillant. Toutefois on gagnera plus à fournir nourriture et abri aux jeunes bêtes et aux juments pendant les premiers mois de l'année, jusqu'à ce qu'elles se soient acclimatées.

En ce qui concerne le marché, il devient de jour en jour meilleur : une bête de choix obtient toujours un bon prix. La police à cheval du Nord-Ouest a besoin, tous les ans, d'un certain nombre de chevaux de selle. Les officiers des armées d'Europe trouveront dans le district d'Alberta un dépôt de remonte, d'où ils feront venir les espèces de chevaux les plus appropriées aux besoins du service.

Les colons qui viennent s'établir dans le pays auront besoin d'un grand nombre de chevaux, et en ce qui concerne les chevaux de trait, la demande en est pour ainsi dire illimitée : il s'en expédie chaque année par milliers dans les provinces de l'Est du Canada, aux Etats-Unis et en Angleterre. Aux personnes qui se rendent dans le district d'Alberta, l'auteur de ces lignes conseille d'amener avec elles autant de juments de premier choix qu'il leur sera possible; il leur dira : Si même votre intention n'est pas de vous établir ici, vous y trouverez un excellent marché pour la vente de vos animaux à des prix qui vous donneront un bénéfice considérable relativement au capital investi dans l'achat de ces animaux ; et j'en dirai autant de toutes les autres espèces d'animaux domestiques ; amenez de bonnes espèces marchandes, que ce soient des chevaux, des vaches, des moutons ou des porcs, et le bénéfice que vous retirerez de votre chargement vous remboursera non-seulement les dépenses de votre voyage, mais vous laissera encore un surplus très satisfaisant pour le temps agréable que vous aurez passé à visiter ce grand et magnifique pays de fermes et de "ranches" du Canada.

L'ÉLEVAGE DES MOUTONS.

A cette époque de spéculation effrénée—lorsque chaque jour nous voyons des hommes occupés à chercher les moyens d'arriver rapidement à la fortune, sans travailler,—il ne faut pas s'étonner de ce que les chemins sûrs qui conduisent lentement à la fortune passent inaperçus pour le plus grand nombre.

Des syndicats pour obtenir des concessions de chemins de fer pour la construction de lignes destinées à rejoindre les immenses terrains miniers ou les sources de pétrole du Nord, des syndicats pour la construction de hauts-fourneaux à Calgary, pour amener l'eau dans ses rues, pour l'établissement de tramways, pour l'achat d'emplacements de villes, pour exploiter les placers et les mines de quartz : toutes ces combinaisons et d'autres semblables sont considérées par les personnes compétentes, comme la voie la plus courte pour arriver au succès, et font l'objet de l'attention et de la recherche des capitalistes. Et dans notre hâte et notre précipitation pour arriver rapidement à la richesse, nous ne nous intéressons que médiocrement à une industrie qui promet d'être des plus florissantes et l'un des facteurs les plus importants de la prospérité dans le district d'Alberta, nous voulons parler de "l'élevage des moutons." "Un éleveur de moutons, vraiment!" à cette époque surchauffée, où les hommes font fortune en une année ; oui, et les avantages naturels qu'offre le district pour l'élevage des moutons lui assurent, dans un avenir prochain, la première place au rang des pays où on élève les moutons et où se fait le commerce de la laine.

Le district d'Alberta offre aujourd'hui aux fermiers les mêmes avantages que l'Australie, il y a environ trente ans—des milliers d'acres de riches pâturages, bien arrosés et appropriés pour l'élevage de moutons de première qualité et la pro-

DANS LES "RANCHES," AUX ENVIRONS DE CALGARY.

duction de laine supérieure ; un pays dont le climat est assez chaud et où le soleil brille pendant les deux tiers de l'année vivifiant et activant la circulation et produisant une laine d'une très grande finesse ; un pays où les hivers ne sont pas rigoureux, où le printemps est hâtif, où les pluies froides et les tempêtes de poussière, si préjudiciables aux toisons, sont tout-à-fait inconnues : avantages auxquels l'Australie ne saurait prétendre. Ajoutez à celà, une ligne de chemin de fer qui passe dans le centre de ces riches pâturages, et un marché pour la laine et le mouton, de l'accès le plus facile.

Le district d'Alberta est le pays par excellence pour l'élevage des moutons.

Il y a actuellement sur le plateau et dans les ondulations de terrains couverts de paturages qui s'étendent à l'Est et au Nord-Est de Calgary une région capable d'alimenter dix millions de moutons, une région où l'herbe est épaisse et tendre, telle qu'il la faut pour l'élevage des moutons, et cela, en dehors des limites des immenses parcs à bestiaux.

C'est une fortune assurée, au bout d'un petit nombre d'années, pour tous ceux qui s'engageront dans cette branche d'industrie dans le district d'Alberta avec un capital de trois à cinq mille dollars, et qui consacreront leur temps et leurs soins à la bonne direction de leur troupeau, et qui emploieront toute leur intelligence, si nécessaire dans cette branche spéciale, au choix de la race d'animaux dont la laine et la chair commandent les plus hauts prix sur le marché.

Le premier troupeau important de moutons a été amené du Montana en 1884 ; pendant les années suivantes, de nombreux troupeaux ont été importés, et l'on estime que le nombre de moutons répartis actuellement ,dans le district d'Alberta dépasse le chiffre de quarante mille. Les pertes pendant l'hiver n'ont pas été de plus de 2 pour cent.

Les opinions varient au sujet de la race de moutons la plus productive ; mais on peut dire que toutes les races rapportent de beaux bénéfices, si elles sont bien soignées. Pour les troupeaux nombreux, on préfère les mérinos et les mérinos croisés.

La race Mérino Leicester est peut-être plus avantageuse, tant sous le rapport de la laine que sous celui de la viande. D'autres leur préfèrent les Shropshire et les Oxford Downs, d'autres encore aiment mieux les Cotswold ; quoi qu'il en soit, soignez convenablement vos troupeaux et quelle qu'en soit la race, vous y trouverez votre profit, dans le district d'Alberta.

Il y a ici un magnifique avenir pour les troupeaux de races et les personnes ou les compagnies qui s'engageront dans cette branche d'affaires y feront fortune. Il n'entre pas dans les limites de cette brochure de discuter la meilleure méthode d'élevage ; il nous suffira de constater que la nature dans l'abondante répartition de ses richesses et de ses dons a doté le district d'Alberta de tous les avantages naturels et en a fait l'une des contrées les plus appropriées à l'élevage des moutons et à la production de la laine.

L'ÉLEVAGE DU BÉTAIL

Parmi les contrées où l'on s'occupe spécialement de l'élevage du bétail, le district d'Alberta occupe la première place, une place sans égale. Une région inconnue il y a quelques années est considérée aujourd'hui comme l'un des centres les plus importants d'approvisionnement du marché anglais.

L'élevage du bétail dans le district d'Alberta a été inauguré en 1880, lorsque l'honorable sénateur Cochrane a ramené du Montana plusieurs milliers de têtes de bétail et les a placées sur les pâturages qu'il avait affermés, à l'ouest de Calgary. Depuis cette époque cette branche d'industrie s'est développée d'une manière constante. Au printemps de 1884 on estimait à 40,000 le nombre de têtes de bétail qui se trouvaient réparties sur le territoire d'Alberta. Aujourd'hui (décembre 1888) au-delà de 113,000 têtes de bétail et de vaches laitières paissaient en liberté dans les plaines et les collines de notre immense district de pâturages. Sur ce nombre au-delà de 100,000 appartiennent aux propriétaires des " ranches " dans le sud du district d'Alberta qui au commencement du printemps, chaque année, rassemblent leurs troupeaux pour les marquer : ils ne leur fournissent ni nourriture ni abris autres que ceux que leur fournissent la nature ; et cela, quelle que soit la saison. Il est plus que douteux que ce système soit vraiment le plus avantageux. Chaque année, l'expérience nous démontre qu'il y a plus de profit et d'économie à faire des provisions de nourriture, et à construire des abris pour l'hivernage des troupeaux, pendant les temps les plus durs. Les mauvais temps arrivent de temps à autre et il est bon de prendre ses précautions pour se garder contre les risques de perte de bétail ; et cette opinion tend à prévaloir dans le monde des éleveurs, que le meilleur moyen pour opérer l'élevage des bestiaux sur une grande échelle, consiste à fournir de la nourriture aux veaux et aux vaches trop faibles, pendant les fortes tempêtes et à éviter ainsi des pertes nombreuses.

Les éleveurs du district d'Alberta disent qu'il est " impossible de tuer un bœuf avec le mauvais temps " et qu'après l'hiver le plus rigoureux, on le verra toujours gras et pétulant. Les personnes compétentes de différents pays s'accordent à dire que le district d'Alberta comme pays favorable à l'élevage du bétail occupe le premier rang pour l'abondance de ses pâturages naturels, pour son immense approvisionnement d'eau et ses nombreux abris naturels ; et si l'on compare la moyenne des pertes de bestiaux, depuis que cette branche l'industrie s'est établie dans le district d'Alberta, avec la perte que l'on a eu à enregistrer dans les Etats de l'ouest pendant la même période, on arrivera à ce résultat magnifique, c'est que là où les éleveurs du Montana et du Wyoming ont perdu jusqu'à 60 et 70 pour cent de leurs animaux, les pertes dans les " ranches " du district d'Alberta n'ont pas dépassé 15 pour cent.

Et je dirai plus, si l'on a à enregistrer ces pertes dans ce pays, où des millions de tonnes de fourrage se perdent annuellement, c'est que évidemment, l'élevage du bétail n'est pas conduit d'après les vrais principes économiques ; car dans cette branche comme dans tous les autres genres de commerce, il faut, pour réussir, de l'attention, du travail, de l'intelligence et de l'économie.

Sous le rapport de la qualité, le bétail du district d'Alberta peut supporter la comparaison avec celui de n'importe quelle autre contrée, attendu que l'on a importé ce qu'il y avait de mieux en fait de taureaux et d'animaux de race : comme résultat pratique, les bestiaux du district d'Alberta sont de tout premier choix. On en expédie actuellement des bœufs gras destinés au marché anglais, tels qu'ils sortent des "ranches" et ils soutiennent favorablement la comparaison avec les animaux engraissés dans les étables des vieux pays. Alberta possède un marché local qui consomme au-delà de quinze mille bœufs par année, et la consommation augmente continuellement. D'autre part, le district se trouve, par le fait, relié par le chemin de fer Canadien du Pacifique, à tous les grands marchés du monde entier. Avec de tels avantages réunis, qui attirent dans ce pays les éleveurs les plus expérimentés des Etats-Unis et de la Colombie Britannique, qui peut dire aujourd'hui quel sera, dans quelques années d'ici, le développement d'une industrie qui, en sept années, a fait de tels pas de géant.

Il y a, au nord de Calgary, s'étendant tout le long des vallées verdoyantes des rivières *Red Deer*, et *Battle River*, des millions d'acres actuellement inoccupés et qui peuvent en outre produire d'énormes récoltes de foin, de céréales et de racines.

Au capitaliste et au fermier qui voudraient s'engager dans cette branche de l'élevage du bétail, nous dirons ceci : examinez les ressources et autres avantages des pays où vous seriez disposés à vous établir, comparez ces avantages avec ceux que vous offre le district d'Alberta ; et si vous faites cela, il n'y a pas de doute que vous ne veniez vous installer un foyer confortable et prospère à l'ombre des montagnes Rocheuses et participer à l'exploitation des fertiles vallées du district d'Alberta.

L'ELEVAGE DANS LES "RANCHES."

Jusqu'en 1880, on avait relativement peu de données sur les pâturages d'hiver du Nord-Ouest, à cette époque quelques-uns de nos grands éleveurs obtinrent des renseignements sur la richesse des pâturages des plaines de l'ouest qui s'étendaient tout le long des côteaux boisés au pied des Montagnes Rocheuses, et sur le peu de neige qui tombait dans cette région.

Avisé par les éleveurs, le gouvernement établit des règlements en vue de donner à loyer toutes ces terres à pâturages. Le Rapport du Département, pour l'année 1885, le premier qui nous fournisse des chiffres sur les intérêts des éleveurs de l'Ouest, évaluait de la manière suivante le nombre de têtes de bétail disséminées dans les " Ranches " de l'Ouest :

Bestiaux	46,836
Chevaux....................................	4,313
Moutons....................................	9,694

Pour permettre de juger du rapide développement de cette industrie dans le pays, il suffit de jeter un coup d'œil sur le tableau suivant et d'en comparer les chiffres avec ceux du tableau précédent :

Bestiaux	101,382
Chevaux....................................	10,000
Moutons....................................	38,080

L'an dernier, on a exporté en Angleterre au-dessus de cinq mille animaux gras. On se formera une idée approximative des profits considérables que font les éleveurs, d'après cette donnée, que l'on a payé $45.00 par tête, 225 frs pour les taureaux de 4 ans, sur pied, pris à Calgary, alors que le coût de l'élevage se borne aux frais d'administration et à la garde du troupeau, les bêtes s'étant engraissées directement dans les pâturages naturels.

L'INDUSTRIE LAITIÈRE

Ce qui fait de cette région du Canada le pays par excellence pour la manufacture du fromage et du beurre, c'est 1o.—La riche profusion de pâturages naturels où les vaches trouvent leur nourriture, à l'année, sans qu'il soit nécessaire de leur fournir une nourriture artificielle. 2o.—L'absence complète de ces mauvaises herbes à l'odeur acre et pénétrante que l'on rencontre dans certains pâturages et qui communiquent au lait et au beurre une saveur insupportable et en rendent la vente difficile. 3o.—La fraîcheur de la température en été, amenée par les vents frais de la montagne et par les sources jaillissantes d'eau froide provenant des montagnes et que l'on rencontre très fréquemment dans cette région.

UNE FERME AUX ENVIRONS DE REGINA.

Avec les nombreux avantages que nous venons d'énumérer, il ne faut pas s'étonner de la réussite brillante des personnes qui se sont engagées dans cette industrie ; il ne faut pas s'étonner des légitimes prétentions que l'on peut formuler au sujet de la production la plus économique possible des produits les plus choisis de la laiterie dans le district d'Alberta, un terrain sur lequel ce district n'a pas à craindre la concurrence.

POELE A PAILLE, AU BOIS OU AU CHARBON.

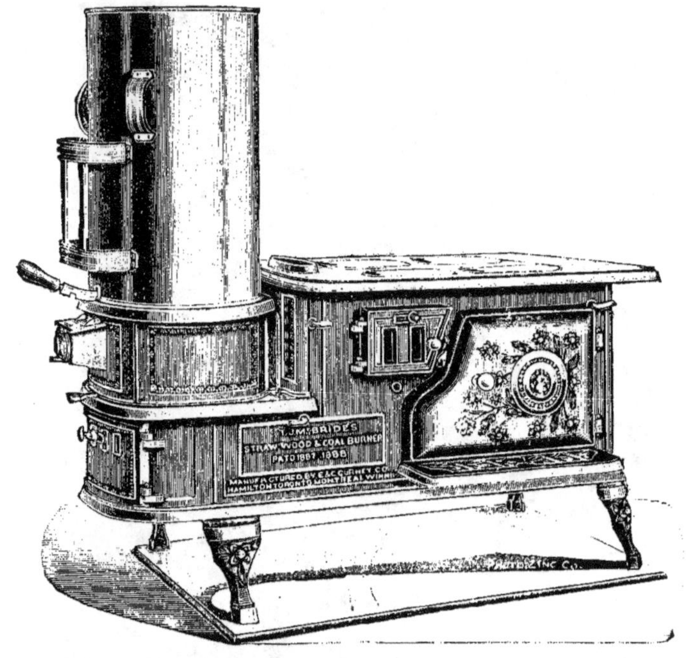

La paille, considérée comme de nulle valeur, est généralement brûlée sur le champ après le battage ; en l'utilisant comme combustible, on obtient ainsi un chauffage très-économique. La vignette ci-dessus, représente un poêle de cuisine ordinaire, arrangé pour pouvoir brûler, à volonté, la paille du blé, celle du lin, les mauvaises herbes, du bois ou du charbon. La fumée fait le tour du fourneau, laissant libre la partie supérieure, ce qui permet de mettre au même bout le tuyau pour la fumée et le réservoir à paille. Ce réservoir en forme de cylindre, fermé à une de ses extrémités, est en forte tôle, on le remplit de paille et une fois chargé on le pose sur le foyer ; la paille descend automatiquement et sa combustion achevée, c'est à-dire au bout d'une heure à une heure et demie, on remplace le cylindre vide par un autre plein et on continue à chauffer.

Le sud-ouest et l'ouest de la province de Manitoba offrent aussi de grands avantages pour la culture mixte ou ordinaire, nous citerons entre autres endroits favorables les établissements suivants :

SAINT-ALPHONSE.

Saint-Alphonse est situé dans le sud du Manitoba, comté de Selkirk. On s'y rend de Winnipeg par le chemin de fer du Sud-Ouest (South Western branch), embranchement du chemin de fer Canadien du Pacifique. Distance de Winnipeg à la station de Cypress River (Rivière aux Cyprès), 96 milles ou 154 kilomètres. Le village de Saint-Alphonse est à 16 kilomètres (10 milles) de cette station, qui se trouve aussi être un centre franco-canadien. Autour de la gare se trouvent deux magasins et un hôtel tenus par des Canadiens-français ; le chef de gare appartient aussi à cette nationalité.

Avantageusement situé dans un pays mi-partie boisé, mi-partie en prairies, Saint-Alphonse a pris un accroissement rapide depuis ces dernières années. En 1882, il y avait seulement dans cette localité deux familles parlant français ; en 1887, leur nombre était de 50. Il y avait alors dans la paroisse 65 propriétaires et 300 personnes de langue française ; l'établissement de 50 familles belges et de quelques familles polonaises qui sont arrivées en 1888, les nombreux colons de Belgique et de la Province de Québec qui y ont pris des terres en avril 1889, ont doublé depuis son importance.

Il y a encore un grand nombre de terres vacantes que l'on peut obtenir presque pour rien. Le terrain est plat en certains endroits, accidenté et vallonneux dans d'autres, mais les plus fortes élévations ne dépassent pas 25 mètres (90 pieds) ; le sol, de bonne qualité, est un terrain d'alluvion, avec sous-sol argileux ; le bois et l'eau y sont en abondance, choses bien importantes pour le colon au Manitoba ; on trouve l'eau partout à des profondeurs de 15 à 20 pieds. La Rivière aux Cyprès, qui traverse cette colonie, est un affluent de l'Assiniboine ; son cours est d'environ 120 kilomètres (80 milles). Le lac du Cygne (Swan Lake), formé par la rivière Pembina, se trouve au sud ; sur ses bords est la petite réserve indienne de la Plume-Jaune, où vivent paisiblement quelques familles de sauvages à moitié civilisés ; le lac du Pélican est un peu plus à l'ouest, à la distance de 40 kilomètres (25 milles). Ces deux lacs sont extrêmement poissonneux ; il y a en outre dans la municipalité plusieurs autres lacs de faibles dimensions.

Saint-Alphonse a été peuplé en grande partie par des Canadiens-français revenus des Etats-Unis, comme la paroisse de Saint-Léon, qui se trouve à 25 milles (40 kilomètres). Il y avait en 1887, dans Saint-Alphonse 3 écoles françaises (92 enfants en âge de les fréquenter), une église catholique, un bureau de poste, 2 magasins, 2 scieries et un moulin à farine. Les terres gratuites données par le gouvernement sont en partie boisées et se trouvent à une distance de 10 à 15 kilomètres du village (6 à 9 milles). Outre les terres gratuites, on peut acquérir, plus près, un grand nombre de fermes de 160 acres ($64\frac{1}{2}$ hectares) à des prix variant entre $4 et $8 l'acre (50 et 100 fr. l'hectare); ces terres ont déjà un commencement de culture et une petite maison y est construite. Deux à trois cents familles peuvent encore s'y établir de cette façon. La Cie du Pacifique a aussi en vente autour de la station de Cypress River de magnifiques terrains pour $5 à $10 l'acre (25 à 50 fr.). On trouve même à en acheter pour $1.25 l'acre (15 fr. l'hectare). L'agent de la compagnie est à Cypress River.

Le foin naturel est en abondance dans la paroisse et la culture du blé y donne de bons profits. Le bois le plus commun est le tremble du Manitoba dont on se sert pour la construction et qui fait un bon combustible; on y rencontre aussi un peu de chêne et de frêne. Le défrichement des terres boisées est extrêmement facile, les racines des arbres sont à fleur de terre et d'une extraction aisée. On trouve çà et là de la pierre à chaux et de la pierre à bâtir.

Presque tous les Belges établis à Saint-Alphonse se livrent à l'agriculture et sont extrêmement satisfaits de leur position. Ils viennent pour la plus grande partie, de Sommethonne, Meix-la-Tige, Grand-Ménil, Awen et Mussy-la-Verne dans le Luxembourg-Belge; de Solre-sur-Sambre, Mont-sur-Marchienne, Chimay et Monceau-sur-Sambre dans le Hainaut; d'Everghem, dans la Flandre-Orientale, de Horion-Hozémont dans la province de Liége. La meilleure preuve à citer du contentement des colons est celle-ci: M. Félix Londot, cultivateur à l'aise, établi à Saint-Alphonse en 1888, heureux de sa situation et voulant faire profiter des avantages qu'il avait trouvés à Saint-Alphonse, les parents et les nombreux amis qu'il avait laissés à Horion-Hozémont, dans la province de Liége, fit un voyage en Belgique en 1889 et en ramena plus de trente familles. Ce fait est éloquent et se passe de commentaires.

M. Pirlet, meunier à Hozémont, est un des parents de M. Londot. On peut s'adresser à lui pour renseignements sur Saint-Alphonse.

—Un grand nombre de Canadiens de la Province de Québec, principalement des environs de Sainte-Madeleine et de Saint-Césaire, se sont établis aussi à Saint-Alphonse en 1889. M. l'abbé T. Campeau est le curé de la paroisse.

—La moyenne du rendement en blé dans la paroisse en 1887 a été de 36 minots par âcre. M. Louis Malo a récolté 500 minots de blé sur 11 acres de terrain, et M. Arthur Larrivée 170 minots sur 4 acres, ce qui fait une moyenne de 36 hectolitres de blé à l'hectare, sans engrais. M. J. Choquette, à lui tout seul, a récolté 2,000 minots de grain (720 hectolitres).

La plupart des familles fixées à Saint-Alphonse y sont arrivées très pauvres; toutes jouissent maintenant d'une honnête aisance acquise par leur travail.

UN ÉPISODE DE LA RÉCOLTE DANS LA PRAIRIE.

SAINT-LÉON

Saint-Léon est situé dans le Sud du Manitoba. On s'y rend de Winnipeg par le chemin de fer du Pacifique, embranchement de Pembina, jusqu'à la station de Manitou, distance de 102 milles (164 kilom.). Le joli village de Saint-Léon se trouve à 9 milles (14 kilom.) de Manitou, au nord de la ligne du chemin de fer, à peu de distance d'un petit lac entouré de bois. Il s'y fait quelque commerce. Il y a une église, un bureau de poste, un moulin à farine, une scierie, une fromagerie, plusieurs magasins et boutiques diverses.

Saint-Léon a été fondé en 1874 par des Canadiens revenus des Etats-Unis. La population actuelle est d'environ 700 habitants. Il y a de la place pour y établir encore plusieurs centaines de familles. Le sol est bon, un peu rocheux en certains endroits, bas autour des lacs qui sont assez nombreux, mais convient admirablement à l'élevage du bétail. Partout ailleurs on se livre à la culture du grain avec avantage. Le pays est accidenté principalement du côté du lac du Cygne (Swan lake) ; l'ensemble général est vallonneux, partie en prairie et boisé, comme à Saint-Alphonse. L'eau est excellente, on la trouve partout à une profondeur de 10 à 20 pieds (3 à 6 mètres).

—Il y a encore dans la paroisse plusieurs homesteads à prendre, la plupart boisés et en prairies bonnes pour l'élevage ; les terres à vendre par la Cie du Pacifique dans les environs sont nombreuses et à bon marché. L'agent des terres du gouvernement demeure à Manitou, où les cultivateurs vont vendre leurs denrées :

En outre des familles canadiennes françaises demeurant dans la paroisse on y rencontre plusieurs familles alsaciennes. Le curé lui-même, M. l'abbé Bitsche, est alsacien et y est arrivé en 1880. Quatre écoles françaises sont en pleine prospérité. On parle d'établir une nouvelle paroisse entre Saint-Léon et Saint-Alphonse.

Voici quelques chiffres sur les résultats de la récolte de 1887, qui prouveront la fertilité de la terre et les avantages qu'offre Saint-Léon pour les cultivateurs.

M. Eugène Rondeau a récolté 4,000 minots de blé sur 100 acres, soit 36 hectolitres à l'hectare. L'ouvrage a été fait par un seul homme, aidé d'un jeune garçon de 14 ans et une paire de chevaux.

—M. Jérémie Rondeau, 3,000 minots sur 75 acres. (36 hectolitres à l'hectare). Un homme maladif avec une paire de bœufs.

—M. Philippe Moreau, 1,300 minots sur 32 acres (468 hectolitres sur 13 hectares).

—M. O. B. Lafrenière, 3,000 minots sur 100 acres (27 hectolitres à l'hectare).

—La famille Labossière a récolté 15,000 minots de blé soit 5,400 hectolitres sur ses propriétés.

—M. le curé Bitsche, 1,500 minots sur 35 acres.

La récolte en 1888 a été quelque peu inférieure en rendement, mais les prix de vente étant bien plus élevés, compensaient facilement la différence.

LE LAC DES CHENES (OAK LAKE)

LES COLONIES CANADIENNES, ALSACIENNE-LORRAINE, FRANÇAISES ET BELGES.

A 165 milles, (265 kilom.), à l'ouest de Winnipeg, sur la ligne principaledu Pacifique Canadien, se trouve la station d'Oak Lake, (prononcez ôke léke), destiné à être un des centres les plus importants de la colonisation de langue française du Grand Ouest canadien.

Le Lac des Chênes, en anglais Oak Lake, tire son nom d'un petit lac, entouré de bois de chênes, qui se trouve à 6 milles, (9 kilom.), au sud de la station. Le sol, un peu bas et sablonneux dans un rayon de deux à trois milles autour de la gare, y forme cependant de bons pâturages. Près du lac et jusqu'à la frontière des Etats-Unis, distance de 48 milles, la terre est d'une excellente qualité, un peu plus légère qu'au nord de la ligne du chemin de fer, mais aussi plus chaude. Le sous-sol est d'argile, recouvert d'un riche humus.

Ce territoire splendide est arrosé par la rivière Calumet (pipestone creek), qui, après avoir traversé le Lac des Chênes, porte le nom de Rivière aux Prunes (Plum Creek) et va se jeter dans la rivière Souris, un des plus beaux cours d'eau de la région. La rivière Souris, sur les bords de laquelle on a trouvé des mines de charbon, est elle-même un tributaire de l'Assiniboine.

Le Lac des Chênes est un joli lac très-poissonneux de 5 milles de longueur sur 3 milles de largeur, (8 kilom. sur 5).

Toute la contrée est très-propre à l'élevage et à la culture du blé, le foin naturel y est d'une qualité exceptionnelle et l'eau en abondance à une dizaine de pieds (3 mètres) de profondeur. Le bois de chauffage n'est pas rare, c'est du tremble, en grande partie, qui se vend de $2 à $3, la corde, (10 à 15 frs.) ; on s'en sert aussi pour la construction des maisons.

Le village d'Oak Lake, élevé autour de la station, compte une quarantaine de maisons, plusieurs magasins et hôtels et quelques ateliers. Il fait partie du comté de Dennis. La population, d'origine française, établie au nord de la voie ferrée et surtout au sud, dans les environs du Lac des Chênes, compte environ 250 familles qui y sont arrivées, pour la plupart, depuis 1880, les unes de la province de Québec, les autres des Etats-Unis. Il y a encore entre la station et le lac quelques homesteads ou lots de terre gratuits, mais ils sont un peu bas et ne peuvent être utilisés que comme pâturages. La Cie du Pacifique dispose de très-bonnes terres, propres à tous les genres de culture, à des prix variant de $2.50 à $5.00 l'âcre, (12 frs. 50 à 25 frs. les 40 acres). Ces terres conviennent très-bien à ceux qui, possédant quelques milliers de francs, voudraient s'établir près du chemin de fer.

En outre de la paroisse d'Oak Lake, qui a pour curé M. l'abbé Bernier, le comté de Dennis renferme plusieurs colonies européennes formées par des Belges et des Français originaires, en grande partie, de l'Alsace-Lorraine, de la Bretagne (Loire-Inférieure) et des départements de la Haute-Vienne, de la Haute-Loire et de l'Ardèche. Presque tous ont fixé leur résidence au sud du Lac des Chênes, sur les lots gratuits du gouvernement. En outre de leur *homestead*, quelques-uns des colons ont encore acheté plusieurs terres de la Cie du Pacifique et se trouvent à la tête de belles fermes de 5 à 600 âcres (200 à 250 hectares). La Cie vend ses terres dans cet endroit de $2.00 à $4.00 l'acre (25 à 40 frs. l'hectare) ; un chemin de fer qui y passera prochainement ne peut que contribuer à augmenter la valeur de ces établissements.

A l'ouest du Lac des Chênes, sur une distance de près de 100 milles (160 kilomètres) et le long des rivières Souris et Calumet, le terrain n'est pas boisé ; ce sont des prairies magnifiques propres à l'élevage et à la culture du grain. Il y a là de quoi établir plusieurs milliers de familles sur les terres du gouvernement (homesteads) et celles de la Cie du Pacifique. C'est là que se sont établis, en avril 1889, un bon nombre de Canadiens des Etats Unis. Ils travaillaient dans les manufactures de Ware, Massachusets et dans plusieurs autres villes des Etats de l'Est, ils en sont revenus désenchantés pour vivre libres sur ces belles prairies. D'autres doivent les suivre.

SAINT-JEAN DE GRANDE CLAIRIÈRE.

ou simplement *Grande Clairière*, nom du bureau de poste qui va y être établi, est à 18 milles (28 kilom) au sud de la station d'Oak Lake, près du petit lac Saint-Jean. C'est un centre de bel avenir, car les terres y sont très-fertiles. Le gouvernement y possède encore des milliers de lots gratuits (160 acres) qu'il donne à tous les colons qui y viennent s'établir. Des Canadiens de la province de Québec, des Métis, des Français de toutes les parties de la France et des Belges y sont arrivés en grand nombre, mais c'est surtout un centre d'attraction pour les Alsaciens-Lorrains et les Français de l'Est de la France qui veulent y fonder une nouvelle patrie. M. l'abbé J. Gaire, ancien curé de Loisy, Meurthe et Moselle, y est arrivé en 1888 avec plusieurs colons et un autre prêtre de l'Alsace parlant l'allemand et le français qui doit y venir dans l'été de 1889, ne peuvent que contribuer à donner une vigoureuse impulsion à cette belle colonie.

A quelques lieues de Grande Clairière, se trouvent plusieurs autres établissements de Français et de Belges, siéges de futures paroisses notamment une colonie de Limousins dont M. l'abbé P. Royer, ancien curé de Masléon, Hte Vienne est le curé. De nombreux Canadiens de la province de Québec et des Etats-Unis, y ont pris des homesteads en 1889, il y en a encore beaucoup. Le gouvernement concède gratuitement ses terres dans ces parages et la Cie du Pacifique vend les siennes de $2 à $4 l'acre (25 à 50 frs. l'hectare) payables en 10 ans.

AUX FILS DE CULTIVATEURS.

Dans certaines parties de la Province de Québec, en France, en Belgique et en Suisse, le prix des terres est tellement élevé qu'il est impossible à un père de famille d'établir ses enfants autour de lui. Ceux ci, habitués au travail facile d'une terre en labour depuis de nombreuses années, n'osent pas s'enfoncer dans la forêt pour y défricher une propriété, le travail de bûcheron les effraie et au lieu de continuer le noble état de leur père, ils viennent dans les villes grossir le nombre des malheureux, s'étioler dans les manufactures et perdre leur indépendance en restant toute leur vie au service d'autrui. A ces jeunes gens nous conseillons de venir s'établir à St-Alphonse, à St-Léon et sur les belles prairies qui s'étendent à l'Ouest du lac des Chênes et de Grande Clairière. Avec très peu d'argent, ils sont assurés d'y trouver contentement et bonheur.

RESULTATS OBTENUS A OAK LAKE

TÉMOIGNAGES ET LETTRES DE COLONS

La moyenne des récoltes, dans la région du lac des Chênes, varie pour le blé de 20 à 30 minots à l'acre (18 à 27 hectolitres à l'hectare) et pour l'avoine de 40 à 50 (36 à 45 hectol.)

M. Olivier a récolté en 1887, 41 minots de blé par acre et 78 minots d'avoine, (37 et 70 hectol. à l'hectare).

M. Marcotte, un des premiers pionniers, a obtenu 35 minots par acre.

M. Marion, juge de paix, a remporté les premiers prix à l'Exposition, pour son maïs, ses pommes de terre, ses oignons, ses navets et ses betteraves qui étaient d'une grosseur et d'une beauté remarquables.

Inutile de dire que ces récoltes ont été obtenues sans engrais, la terre si fertile des prairies pouvant s'en passer pendant plusieurs années.

M. Tétrault, venu du comté de Richelieu, dans la province de Québec, a récolté, la seconde année de son installation, 2,000 minots (720 hectolitres) de blé. Il assure que tout homme qui viendra s'établir au Manitoba ne pourra le regretter. Sa propriété a une étendue de 300 acres (120 hectares), il l'a payée seulement $1,100 (5,500 frs), 50 acres sont en bois et le reste en prairie. Il se sert de tous les instruments d'agriculture perfectionnés : moissonneuse-lieuse, charrue à siège, rateaux à cheval, etc.

—M. Magloire Masson, d'abord établi aux Etats-Unis, a trouvé qu'il faisait meilleur vivre au Manitoba et il est venu l'habiter avec toute sa famille. Il est heureux et satisfait et possède une propriété de 640 acres (264 hectares) partie obtenus gratuitement et partie achetés. Le blé lui a rapporté généralement 12 pour 1 de semence ainsi que les pommes de terre.

Voici enfin des lettres de colons adressées à M. A. Bodard, secrétaire de la Société d'Immigration française de Montréal, chargé spécialement par le gouvernement de la réception des colons français, belges et suisses.

Oak Lake, 8 octobre 1888.

Monsieur,

Nous avons fait un bon voyage et nous sommes maintenant à Oak Lake ; nous avons pris 2 homesteads et nous sommes en train d'acheter de la Cie du Pacifique 2 lots de 64½ hectares (160 acres) pour 2,000 frs. ($400) chacun payable en 10 ans, ce qui nous fera une belle ferme. Nous avons acheté 2 chevaux, 3 vaches, une paire de bœufs et tout ce qu'il nous faut pour cultiver. Notre maison est en construction et sera finie la semaine prochaine. Le pays est beau, la terre paraît très bonne, et nous ne pouvons que vous remercier de nous avoir envoyé à Oak Lake. Nous vous en serons toujours reconnaissants.

(Signé) PIERRE THIÉVIN.

M. Thiévin vient de la Loire Inférieure. Depuis la date de cette lettre, il a écrit en France et doit faire venir quelques-uns des parents et des nombreux amis qu'il a laissés à Pannecée, à Candé, entre autres de ce dernier endroit, la famille Beauplat.

M. Barbot de la Roucière, Loire Inférieure, arrivé en juillet 1888 avec trois de ses enfants, a pris une terre gratuite et s'est mis de suite au travail. Il a fait venir le reste de sa famille et plusieurs de ses amis d'Ancenis, en mars 1889. Lui aussi est content et satisfait.

Il en est de même de M. Bigot, et de tous les colons qui sont établis en cet endroit.

MM. Ronat de Boisset, Haute-Loire, écrivaient aussi à M. Bodard :

Cher Monsieur,

Nous possédons, mon frère et moi, 640 acres de terre, nous ne pouvons en cultiver qu'une faible partie, mais nous sommes très contents de notre position ; nous ne regrettons pas du tout la France ; nous ne désirons qu'une chose : Voir beaucoup de gens de notre pays venir nous rejoindre et profiter des avantages que l'on trouve ici.

(Signé) ALPHONSE RONAT.

Plusieurs colons de la Lozère, de l'Ardèche et de la Haute-Loire sont venus depuis, se fixer dans leur voisinage.

Parmi les colons belges établis en 1887 et 1888 plusieurs sont arrivés avec très peu d'argent ; ils ont travaillé et fait venir, les uns, leurs parents, les autres, des amis. M. Joseph Billy entre autres, a fait venir sa famille, aussitôt qu'il eût économisé, sur le salaire qu'il gagnait, la somme nécessaire à son passage. Enfin M. Victor Dupont, écrit ce qui suit :

" *Monsieur,*

" J'ai tardé à vous écrire parce que je n'ai pas eu le temps et que j'avais beaucoup d'occupations. A présent j'ai pris une terre samedi passé à Oak-Lake. Je vais l'occuper au printemps. Je suis bien satisfait du pays. Je vois que c'est bien avantageux par ici. J'ai gagné beaucoup d'argent depuis que je suis arrivé. On vit bien plus heureusement par ici qu'en Belgique. Il ne faut pas travailler aussi fort pour gagner bien plus.

" Monsieur, je vous remercie plus que mille fois de m'avoir introduit dans ce nouveau pays qui est si avantageux.

" Je termine ma lettre en vous serrant la main.

" Je suis votre dévoué,

" VICTOR DUPONT."

Les belges établis à Oak Lake viennent principalement des provinces de Luxembourg, Namur, Liège, et Hainaut.

Les lettres destinées aux habitants de ces diverses colonies doivent être adressées à Oak Lake, Manitoba, Canada.

Lettre de M. George Sylvain, Moose Jaw, district d'Alberta,

29 Déc. 1882.

Je suis parti de Rimouski, province de Québec, en 1882, pour venir au Nord-Ouest, et depuis cette époque, je réside dans ce district.

Je suis d'avis que le sol ici est excellent pour les fins agricoles et pour le pâturage, spécialement pour les chevaux et les moutons. Je viens de battre ma récolte qui s'élève à 1,150 minots de blé et au-delà de 2,200 minots de toutes sortes de grains. Le climat est très salubre, et pour ceux qui, comme moi, souffrent ou ont souffert de l'asthme, il est inestimable. Avant de venir ici, j'avais été pendant trente ans sans pouvoir sortir de chez moi plus de six mois par année ; depuis que je suis établi ici, je n'en ai pas ressenti la moindre atteinte. Je crois que c'est un bon pays pour les fermiers qui ont peu de moyens ; avec un peu d'énergie, ils peuvent se faire facilement un chez soi.

QUELQUES CONSEILS EN PASSANT.

Venir en Canada en famille ; l'homme seul s'ennuie, il pense aux absents, l'inquiétude le saisit et il se décourage facilement ; la femme lui est indispensable pour l'aider à surmonter les difficultés qu'il rencontre et pour créer un intérieur agréable ; les dépenses de voyage en venant tous ensemble et celles pour l'entretien de la famille réunie et non séparée, se trouvent aussi moins fortes. Pendant le voyage, ne pas s'embarrasser de bagages pesants, n'apporter avec soi que son linge, sa literie et des vêtements chauds en laine. Ne pas se limiter exclusivement à la culture du blé ; demander souvent conseil et ne pas essayer d'en donner avant d'avoir acquis l'expérience nécessaire ; se conformer aux usages et aux habitudes du pays et avec du travail, de la persévérance et de l'économie, on réussit toujours en très peu de temps.

LES PRAIRIES DU CANADA

LEUR FERTILITÉ

Les grandes prairies de l'ouest du Canada qui s'étendent depuis Winnipeg jusqu'aux Montagnes Rocheuses, renferment plus de 250 millions d'acres (cent millions d'hectares) de bonne terre arable. C'est dans ce territoire magnifique, sans égal au monde, que viennent, chaque année, chercher l'aisance et le bonheur, des milliers de cultivateurs d'Europe. C'est là que se trouve le futur grenier d'abondance qui doit fournir à l'Europe la plus grande partie du blé qui lui manque.

Figurez-vous les grandes plaines de la Beauce, en France, couvertes de hautes herbes, entrecoupées çà et là, de rivières et de bouquets de bois, se déroulant sur une étendue de plusieurs milliers de lieues, et vous aurez une faible idée de ce que sont les prairies canadiennes.

Un sol d'une richesse extraordinaire, deux pieds d'humus, de terreau, de fumier pourri, reposant sur un fonds d'argile marneuse, telle est la composition de cette terre merveilleuse.

La profondeur de cette couche de terre noire d'alluvion, varie de un à quatre pieds, en quelques endroits, on a même trouvé qu'elle atteignait douze et quatorze pieds (3 m. 60 à 4 mètres), et des analyses chimiques ont établi que la terre des prairies est une des plus riches du monde et la plus propice à la culture du blé.

Cette grande richesse s'explique facilement par le fait que les excréments des oiseaux et des animaux, les cendres provenant des incendies des herbes sèches et la décomposition des végétaux se sont accumulés depuis des siècles et ont été recueillis sur un sol imperméable à base d'argile, ancien lit d'une mer. Aucune partie du Canada ou de la France, à l'exception de quelques terrains d'alluvion, ne peut donner une idée de la valeur et de la qualité de cette terre.

Pendant 20 ans, on a vu des cultivateurs semer du blé à la même place et pendant 20 ans, la récolte a toujours été la même, variant entre 15 et 40 minots à l'âcre (15 à 35 hectolitres à l'hectare.) Jamais on n'emploie de fumier, quelques cultivateurs prétendent même qu'il est nuisible. C'est sur ce territoire incomparable que le gouvernement du Canada invite à s'établir les colons d'Europe, et ceux des anciennes provinces en les engageant à venir prendre leur part de ce riche patrimoine.

L'EAU ET LE BOIS.

On trouve l'eau partout ; il y a moins de sources, il est vrai, que dans la province de Québec, mais il suffit de creuser des puits pour se procurer de l'eau potable en abondance. Quant au bois de construction et de chauffage, presque tous les bords des rivières et des cours d'eau en sont garnis ; dans le sud et le nord on en trouve en quantité et il ne faut pas oublier que la grande forêt qui commence au lac Supérieur s'étend jusqu'à une quinzaine de lieues à l'est de Winnipeg. Il n'y a donc pas à craindre que le bois de construction fasse jamais défaut dans les prairies et, quant au chauffage, la Providence semble y avoir pourvu en dotant le Nord-Ouest d'immenses et riches mines de charbon. Il y a aussi des poëles que l'on chauffe avec de la paille.

Les principaux bois que l'on rencontre dans les prairies sont le chêne, le frêne, le bois blanc et surtout le peuplier-tremble que l'on trouve partout dans la prairie en bouquets, et qui sert pour le chauffage et la construction. A l'Est de Winnipeg, on trouve aussi le pin, l'épinette (sapin), le cèdre et l'épinette rouge (tamarac).

SYSTÈME D'ARPENTAGE.

Le système d'arpentage ou de division des terres est le plus simple du monde. Chaque canton ou township forme juste un carré ayant 6 milles de côté (9 kilom. 650 m.), il a donc une superficie de 36 milles carrés ou 90 kilomètres carrés. Chaque township est divisé en 36 sections de un mille carré ou 640 acres chacune (258 hectares). Ces sections sont subdivisées en demi sections de 320 acres et en quarts de section de 160 acres (64½ hectares). Les divisions sont indiquées par des poteaux placés aux coins.

UN CHAMP DE BLÉ DANS LA PRAIRIE.

La figure ci-dessous donne une idée exacte d'un township et de ses divisions :

640 acres
258 hectares.

NORD.

1 mille
1609 m.

OUEST. / EST.

	32 Gouv.	33 C. P. R.	34 Gouv.	35 C. P. R.	36 Gouv.
30 Gouv.	29 Ecole.	28 Gouv,	27 C. P. R.	26 B. H.	25 C. P. R.
19 C. P. R.	20 Gouv.	21 C. P. R.	22 Gouv.	23 C. P. R.	24 Gouv.
18 Gouv.	17 C. P. R.	16 Gouv.	15 C. P. R.	14 Gouv.	13 C. P. R.
7 C. P. R.	8 B. H.	9 C. P. R.	10 Gouv.	Ecole.	12 Gouv.
6 Gouv.	5 C. P. R.	4 Gouv.	3 C. P, R.	2 Gouv.	1 C. P. R.

SUD.

Note.—C. P. R. veut dire *Chemin de fer Pacifique.*
B. H. — *Compagnie de la Baie d'Hudson.*
Gouv. — *Gouvernement du Canada.*

Les sections portant les numéros pairs, c'est-à-dire 2, 4, 6, 8, 10, etc., à l'exception des Nos 8 et 26, appartiennent au gouvernement, qui les donne gratuitement aux colons. Les sections impaires, 1, 3, 5, 7, 9, sont généralement la propriété de la Cie du Pacifique à l'exception des sections 11 et 29 qui sont vendues pour le soutien des écoles. C'est la Cie de la Baie d'Hudson qui possède les Nos 8 et 26.

LES TERRES GRATUITES, HOMESTEADS ET PRÉEMPTIONS— MOYEN DE LES OBTENIR—LES CONDITIONS.

On appelle *Homestead,* (prononcez hômestèd), l'octroi gratuit, moyennant \$10 (50 francs), pour payer les frais de bureau que le gouvernement fait, de 160 acres de terre (64½ hectares) à tout homme âgé de plus de 18 ans, ou aux veuves ayant des enfants, et *Préemption,* le privilège qu'a le colon d'acheter, sur le paiement d'un autre honoraire de \$10, le lot de

160 acres qui touche à son Homestead, moyennant le prix de \$2 à \$2.50 l'âcre (25 à 31 frs 25 l'hectare) payable au bout de trois ans.

Tout homme âgé de plus de 18 ans peut obtenir un lot gratuit de 160 acres ou 64½ hectares, (homestead), en remplissant une des conditions suivantes :

1. Le colon devra résider sur son homestead et, dans les premiers 6 mois de l'occupation, commencer à le cultiver. Pendant trois ans, il continuera à le cultiver et à y demeurer au moins 6 mois chaque année.

2. Le colon devra demeurer dans un rayon de 2 milles (3 kilom.) de son homestead, au moins 6 mois par année, pendant trois ans. Il devra, durant la première année, labourer et préparer à semer 10 acres de terre (4 hectares) ; la seconde année semer et récolter ces 10 acres et en labourer 15 autres (6 hectares) ; la 3e année, semer ces 25 acres et en labourer 15 autres. Pour obtenir son titre de propriété (patente) au bout de 3 ans, il devra, en outre, avoir construit une maison habitable et y demeurer depuis trois mois.

3. Le colon devra, la première année, labourer et préparer pour semer au moins 5 acres (2 hectares) ; la 2me année semer ces 5 acres et en labourer 10 autres (4 hectares) et construire avant la fin de la 2me année une maison convenable et y demeurer pendant les trois années suivantes, tout en cultivant.

Le colon, pour obtenir ces lots, devra s'adresser à l'agent du gouvernement qui a la charge de ces terres, soit en personne, soit par un tiers, avec une permission spéciale du ministre.

Le colon perd ses droits à son homestead, s'il n'en prend pas possession dans les six mois.

Le homestead forme un carré de ½ mille de longueur sur ½ mille de largeur (806 mètres 50 de chaque côté.)

LES TERRES A VENDRE.

En outre de son homestead et de sa préemption, le colon peut encore acheter autant de terre que ses moyens le lui permettent.

Un grand nombre de particuliers, de spéculateurs et de compagnies, ont des terres à vendre dans le Grand-Ouest du Canada, mais c'est la Cie du Pacifique qui en possède la plus grande quantité, celle qui offre aux colons les plus grandes facilités pour le paiement. Les prix varient depuis \$2.00 l'acre jusqu'à \$8.00 (25 à 100 frs. l'hectare), suivant leur qualité et leur éloignement du chemin de fer. Le prix moyen est de \$4.00 l'acre (50 frs.)

L'acheteur peut, à son choix, payer comptant, ou en 10 paiements ; un dixième comptant, et le reste en neuf années, avec intérêt à 6 o/o.

L'agent des terres de la Cie du Pacifique à Winnipeg, est Mr. L. A. Hamilton, auquel on peut s'adresser pour obtenir les prix des terres et toutes autres informations.

LES TERRES GRATUITES ET LES TERRES A VENDRE.

L'octroi gratuit de 160 acres (64½ hectares) que fait le gouvernement du Canada, à tous les hommes âgés de plus de 18 ans, est la plus belle aide qui puisse être donnée à des colons pour les engager à s'établir sur les belles prairies du Canada. C'est la plus grande facilité que l'on puisse donner à un homme pour devenir propriétaire ; mais nous devons dire cependant que ces lots gratuits se trouvent actuellement à une distance de 15 à 30 milles (24 à 48 kilom.) et même davantage des stations de chemin de fer. Celui qui possède $1,000 à $2,000 (5,000 à 10.000 frs.) fera mieux, à notre avis, d'acheter une terre près des lignes de chemins de fer, plutôt que de prendre un homestead ; il regagnera facilement la somme qu'il aura déboursée, par les économies qu'il opèrera sur les transports de ses denrées, et il aura aussi plus de choix.

Quelle que soit d'ailleurs la décision à laquelle s'arrête le colon, il peut être assuré d'avance que la qualité des terres à vendre est la même que celle des *homesteads*. Elles sont tout aussi fertiles les unes que les autres. C'est leur éloignement du chemin de fer qui constitue leur principale différence, quoique cependant cette distance ne soit pas bien grande.

QUEL CAPITAL APPORTER.

Un gros capital n'est pas absolument nécessaire à celui qui veut s'établir dans les prairies.

L'immigrant courageux et travailleur qui n'a que quelques centaines de piastres (1,000 à 1,200 francs), réussit souvent mieux que le colon riche incapable de travailler lui-même, mais enfin, il faut un peu d'argent, assez pour subvenir aux premiers besoins.

Le colon énergique et économe, qui s'établira sur un homestead avec moins de 1,000 francs ($200), devra se borner à acheter les objets de première nécessité : 2 bœufs, une charrette, une charrue, une herse, ainsi que quelques meubles et les outils les plus indispensables. La maison qu'il construira et qui servira plus tard de laiterie ou d'écurie, ne lui coûtera pas cher. Avec $30 (150 francs), aidé d'un ouvrier du pays, il peut la construire lui-même en quelques jours ; ce ne sera pas un château, mais plus tard, lorsque l'aisance sera venue, il en fera construire une autre plus confortable ; l'important est de se pourvoir d'un abri le plus tôt possible.

S'il a soin de semer, en arrivant, sur un premier labour, des pommes de terre, des fèves, des haricots, citrouilles et autres légumes, son avenir est presque assuré, car les dépenses pour la nourriture seront très minimes, ne consistant, pour ainsi dire, qu'en viande et en farine.

Parmi les colons arrivés avec moins de mille francs ($200), nous citerons M. Grimaud, du département de la Drôme, auquel il ne restait plus, à son arrivée, que la somme de $50 (250 frs), et qui, loin de se décourager, se mit de suite au travail. Il commença par prendre un homestead, puis s'engagea, avec sa femme et sa jeune fille de 16 ans, au service des voisins, pour $25 (125 frs.) par mois, avec la nourriture et le logement. Un an après, il avait 10 acres (4 hectares) semés en blé, 2 acres plantés en pommes de terre et il possédait 10 bêtes à cornes. Ce résultat n'est nullement surprenant ; les dépenses étant nulles, M. Grimaud avait mis chaque mois, de côté, le salaire de la famille et s'en était servi pour faire labourer sa terre et acheter des animaux.

Interrogé sur la valeur du pays, M. Grimaud se déclara enchanté de sa atrie et ne put s'empêcher de reconnaître que, pour un cultivateur, il y avait en Canada plus d'argent à gagner qu'en France. Sans doute, il est préférable de venir avec plus d'argent, plus on en a, plus le succès est certain, mais l'exemple que nous venons de citer, et qui n'est pas le seul, suffit pour prouver que le travail intelligent vaut un capital.

Voici ce que peut coûter, généralement, un établissement dans l'Ouest du Canada.

Honoraires du Bureau des terres pour l'obtention d'un homestead	$ 10	50 frs.
Matériaux et construction d'une maison	100	500
Meubles, poële, lit, etc	50	250
2 bœufs ($100 à 120)	120	600
1 vache ($25 à 30)	30	150
Charrue, herse, charrette	50	250
Provisions d'un an, en attendant la récolte, pour une famille de 5 personnes	100	500
Outils et dépenses imprévues	40	200
Soit un capital de	$500	2,500 frs.

Une somme plus considérable permettrait certainement au colon de s'établir plus avantageusement, mais beaucoup ont commencé avec moins que cela, et sont aujourd'hui complètement à l'aise.

A ceux disposant de 8,000 à 10,000 frs. ($1,600 à $2,000), nous conseillons d'acheter des propriétés près d'un chemin de fer, plutôt que de prendre des *homesteads*. Quant aux colons peu fortunés, le mieux pour eux est de se mettre au service de leurs voisins et d'employer leur salaire en labour sur leur homestead. Cet arrangement leur permettra d'obtenir, dès la seconde année, une bonne récolte en grain ; sans cela, ils seraient obligés d'attendre plusieurs années avant d'avoir économisé la somme nécessaire pour acheter les bœufs et les instruments d'agriculture nécessaires à l'exploitation. L'émigrant qui veut travailler, se tire toujours d'affaire.

CE QU'IL FAUT FAIRE EN ARRIVANT.

Le colon, surtout celui d'Europe, devra adopter les méthodes de culture dont la sagesse a été démontrée par l'expérience, et ne pas s'obstiner, à vouloir cultiver comme il le faisait en Europe. Plusieurs se sont ruinés pour n'avoir pas suivi ce conseil. Il faut se rappeler que chaque pays a ses usages et qu'il est imprudent de ne pas s'y conformer. Le colon d'Europe a tout à apprendre en Canada et presque rien à montrer.

Par exemple, en ce qui concerne le défrichement de la prairie, on doit, la première année, faire deux labours ; le premier, qu'on appelle *cassage*, se fait généralement dans les mois les plus chauds, juin, juillet et août, et le second en octobre et novembre ou au printemps suivant, à la profondeur de 5 à 6 pouces (0m. 15) *et pas d'avantage*, les labours trop profonds donnant trop de développement à la paille. On appelle *casser* la prairie, retourner à la charrue, sur une épaisseur de 2 pouces, (5 centim.), la couche gazonnée de la prairie, pour la faire sécher. Le *cassage* est assez dur et exige deux bœufs ou chevaux, mais pour les labours subséquents, dans la terre si friable de la prairie, un seul bœuf suffit souvent. Toutes les autres années, on ne fait qu'un labour pour chaque récolte.

Les bœufs sont préférables aux chevaux, ils sont aussi forts, coûtent moins cher d'achat, n'exigent pas d'avoine et l'herbe de la prairie suffit à leur entretien.

Dès son arrivée, le colon, s'il ne veut pas loger sous la tente, doit donc se construire une petite cabane et planter ensuite des pommes de terre et des légumes pour l'usage de sa famille. S'il vient de bonne heure, en mars ou avril, il pourra semer jusqu'à la fin de mai, sur un seul labour, de l'orge, de l'avoine, du lin, dont la graine se vend bien, et des pommes de terre jusqu'à la fin de juin, mais il n'obtiendra qu'une demi récolte, les grains ne réussissant complétement que lorsque le gazon de la prairie est complétement pourri. Quant au blé, il n'est pas prudent de le semer après le 10 mai, car passé cette époque, il n'a pas toujours le temps de mûrir avant les gelées d'automne.

LA CULTURE ET SES PROFITS.

L'Europe ne pourra jamais lutter avec l'Amérique du Nord pour la production du blé à bon marché ; les impôts, le morcellement de la propriété qui empêche l'emploi d'instruments perfectionnés, le haut prix de la terre s'y opposeront toujours.

En Canada, il n'y a pas d'impôts, la terre y est pour rien ou à peu près et d'une si grande fertilité qu'il n'est pas besoin d'engrais ; comment les pays d'Europe, surchargés de taxes de toutes sortes, avec un sol épuisé, pourraient-ils lutter avec le nôtre ?

On a calculé que le prix de revient pour labourer, semer et récolter un acre de terre (2½ acre = 1 hectare) est de $7.25 ou 36 frs. 25 décomposé comme suit :

Labour et semence	$3.50	17.50	frs.
Semailles et hersage	50	2.50	
Coupe du grain et mise en bottes par la moissonneuse-lieuse	1.25	6.25	
Transport et mise en meule	1.00	5.00	
Battage, maximum, 5 cents (0 fr. 25) du minot pour une récolte de 20 minots à l'acre	1.00	5.00	
Total des dépenses par acre	$7.25	36.25	frs.
Moyenne des récoltes à l'acre depuis 10 ans, 20 minots, à 60 cents (3 frs.)	12.00	60.00	frs.
Bénéfice net par acre	$4.75	23.75	frs.
Par hectare		59.37	

Plusieurs personnes ne comptent le coût du labour et de la semence 3 par âcre et le battage à 4 cents du minot (0 fr. 20) ; elles n'estiment les dépenses totales par acre mis en culture qu'à $6.50 (32 frs. 50), ce qui augmenterait encore le bénéfice, mais d'après le calcul ci-dessus, il est aisé de voir le profit considérable que peut faire un cultivateur qui, sur 50 acres seulement, semés en blé, peut réaliser un bénéfice net de $237.50, (1,187 frs. 50), *son travail payé, sur une terre qui ne lui coûte rien.*

Il faut remarquer aussi que nous n'avons calculé le prix de vente du minot de blé qu'à 60 cents (3 frs), tandis qu'il valait $1.00 (5 frs), en décembre 1888 et que la moyenne de la récolte, en 1887, a été de 30 minots à l'acre, (27 hectolitres à l'hectare) au lieu de 20, avec un prix de vente de 75 cents (3 frs. 75) au lieu de 60 cents (3 fr).

Un cultivateur qui, en 1887, avait 200 acres (80 hectares) semés en blé, a récolté 6,000 minots, soit un rendement de 30 minots à l'acre, ou 27 hectolitres à l'hectare. Le battage lui a coûté $1.50 par acre et les dépenses totales se sont élevées, pour les 200 acres à $1,550 (7,750 frs.) ou $7.75 par acre (38 frs. 75).

La vente de 6,000 minots de blé à 60 cents (3 frs.) lui a donné..................	$3,600	18,000 frs.
Les dépenses ayant été de..................	1,550	7,750
Il lui est resté un bénéfice net de..................	$2,050	10,250

Soit $10.25 par acre ou 128 frs. 12 à l'hectare.

Cette propriété, située à 2 milles (3 kilom.) du chemin de fer, avait été payée $8 l'acre, soit 100 frs. l'hectare. La valeur des 200 acres (80 hectares) était donc de $1,600 ou 8,000 frs. et dès la seconde année, cette terre donnait un bénéfice net de 10,250 frs. ($2,050), c'est-à-dire une somme supérieure à son prix d'achat.

Y a-t-il en Europe un seul propriétaire capable de nous montrer de si brillants résultats ?

L'ÉLEVAGE ET SES PROFITS.

L'INDUSTRIE LAITIÈRE.

La culture des terres, à la portée du plus grand nombre, demande surtout des bras, mais l'élevage qui exige moins de main d'œuvre et plus de capitaux, donne aussi d'excellents profits.

Dans le Grand Ouest du Canada, l'élevage seul des bêtes à cornes procure un revenu de 30 à 35 pour cent par année, mais le système mixte, c'est-à-dire celui produisant à la fois de la viande, du beurre ou du fromage, est le plus avantageux. Il est vrai qu'il ne peut pas être pratiqué sur une grande échelle, parce qu'on ne peut pas trouver assez de personnes pour traire les vaches, mais il donne satisfaction partout où il est employé.

Le produit d'une vache, en beurre ou en fromage, pendant l'été, varie de $15 à $20 (75 à 100 frs) et une bonne vache ordinaire donne généralement pendant cette saison de 100 à 150 livres de beurre, aux prix de 15 à 18 cents (ofr.75 à ofr.90). En se basant seulement sur une production de 100 livres de beurre par été, on obtient par vache, une somme variant de $15 à $18, (75 à 90 frs), et le colon qui se livre à la culture peut donc encore obtenir, aidé de sa famille, le revenu suivant d'un troupeau de 20 vaches :

2,000 livres de beurre (100 liv. par vache) à 15 cents.	$300	1.500 frs.
Valeur du petit lait ($2.00 par vache) pour 20	40	200
Total.... :..	$340	1,700

Si le beurre était vendu 18 cents (ofr. 90) les recettes seraient de $400 ou 2,000 frs.

Les dépenses se comptent ainsi :

Achat de 20 vaches à $25 (125 frs) chaque..............	$500	2,500 frs.
40 tonnes de foin pour l'hiver à $2.00..................	80	400
Etables $250 à..	300	1,500
Total des dépenses..................................	$880	4,400 frs.

Les terres à pâturages se payent communément de $2 à $4.00 l'acre (25 à 50 frs. l'hectare), et un troupeau de cette sorte, exige environ 100 acres d'une valeur de $300 (1,500 frs) ; pour une dépense d'au plus $1,200 (6,000 frs) on obtient donc un revenu de $340 à $400 (1,700 à 2,000 frs. soit de 28 à 33 pour cent, sans compter le croît du troupeau. Le revenu donné par les vaches est plus élevé, lorsqu'on se trouve à proximité d'une beurrerie ou d'une fromagerie coopérative, le produit de ces fabriques obtenant toujours un prix supérieur à celui de la ferme. En général, on estime qu'une vache donne, chaque année, un revenu brut égal à sa valeur et les pâturages étant en commun, c'est-à-dire libres pour tout le monde la nourriture, pendant l'été, est comptée pour rien. Si on ajoute que que l'herbe des prairies est si abondante et si nutritive qu'elle influe sur la qualité du lait, que dans les beurreries on obtient, en moyenne, 4½ livres, et 4¾ liv. de beurre par 100 livres de lait, tandis qu'en Europe, la moyenne n'est que de 4 pour cent, on pourra voir quelles immenses richesses restent encore inexploitées dans les prairies du Canada.

Pour l'élevage seul, voici des notes qui nous sont communiquées :

100 vaches produisent chaque année 90 veaux, et sur ce nombre 75 à 80 parviennent à l'âge d'un an ; 20 vaches doivent donner en moyenne 16 veaux chaque année, soit 48 têtes, en trois ans, en ne comptant pas le produit des génisses mettant bas la troisième année, c'est-à-dire qu'au bout de trois ans, un troupeau fait plus que tripler ; d'où le tableau suivant :

Achat de 50 vaches à $25 (125 frs.)........................	$1,250	6,250 frs.
Etables pour ce troupeau et son croît.....................	800	4,000
	$2,050	10,250

UNE MAISON DE FERME DANS LA PRAIRIE.

Avoir au bout de 3 ans par le croît seul :

80 têtes à $20 (100 frs.)	$1,600	8,000
50 têtes à $8 (40 frs.)	400	2,000
Total	$2,000	10,000

L'augmentation du troupeau en 3 ans a été de 130 têtes d'une valeur de $2,000 (10,000 frs.) ; le capital s'est presque doublé. Il suffit de 250 acres de terre (100 hectares) pour garder un troupeau de cette sorte.

L'ÉLEVAGE MIXTE.

Le cultivateur se livrant à la production du beurre ou du fromage obtiendrait en outre de son troupeau de 20 vaches, au bout de trois ans, par le croît seul, le résultat suivant :

32 têtes à $20 (100 frs.)	$640	3,200 frs.
20 têtes à $8 (40 frs.)	160	800
Total pour 3 ans	$800	4,000

Soit par année $266 ou 1,330 frs. On voit de suite les avantages de ce système, surtout pour les fermiers d'Europe, disposant d'un petit capital et faisant valoir eux-mêmes ; les dépenses, pour les étables, le terrain et l'entretien des animaux sont les mêmes que pour l'élevage simple, mais par le fait seul de l'emploi, en plus, du lait du troupeau, on obtient un revenu presque double, se décomposant ainsi :

Produit en beurre de 20 vaches	$340	1,700 frs.
Par le croît	266	1,330
En tout	$606	3,030

Soit un revenu de 68 pour cent pour un capital de $880 (4,400 frs. La main d'œuvre, étant fournie par la famille, n'est pas comptée.

Il faut aussi remarquer que le coût des étables, peut être réduit d'une manière très considérable, si on les construit à la façon du pays, c'est-à-dire en perches recouvertes de paille et de foin. Une semblable étable pour 100 bêtes à cornes, ne coûte pas plus de $50 (250 frs.)

Nous ne parlerons pas ici de l'élevage des chevaux pour la remonte de la cavalerie, ni de celui des moutons, tout aussi lucratifs que l'élevage des bêtes à cornes, mais nous croyons avoir démontré que dans l'Ouest du Canada, le placement des capitaux peut rapporter un revenu brut de 25 p. c. dans la culture, 30 pour cent dans l'élevage simple et 68 pour cent dans l'élevage mixte. Il n'y aurait à déduire que les frais de main d'œuvre.

LE PLACEMENT DES CAPITAUX.

LA CULTURE A 25 % DE PROFIT

Un grand nombre de propriétaires de France et de Belgique, qui ne retirent de leurs fermes que 1½ à 2 pour cent d'intérêts par année, nous demandent souvent quels sont les meilleurs placements à faire en Canada, en dehors des prêts ordinaires. Nous leur répondons sans hésiter : " Achetez des terres et faites-les valoir par des fermiers que vous intéresserez dans le succès de votre exploitation." Nous ne pouvons recommander la spéculation qui consiste à acheter des terres et à les laisser en friche, en attendant la hausse ou une plus value quelque peu problématique, il y a trop de risques à courir et souvent pas de profit, mais nous croyons que l'achat de terrains et leur division en lots de ferme, de 100 à 160 acres (40 à 60 hectares), sur lesquels on établirait des familles *à la part*, en leur fournissant gratuitement le grain de semence, constitue un placement de premier ordre et de toute sécurité, tout en donnant pleine satisfaction au fermier.

Supposons qu'un propriétaire achète de la compagnie du Pacifique ou de particuliers 5 sections d'un township, soit 3,200 acres ou 20 lots de 160 acres (64½ hectares), et qu'il paye $6 de l'âcre (75 francs l'hectare). S'il laisse cette terre sans culture et que la propriété double de valeur en 10 ans, il est évident qu'il aura perdu l'intérêt de son argent, mais si, sur chaque lot qu'il achète, il établit un fermier, en outre de l'augmentation de valeur que peut acquérir la propriété, il en tirera un excellent revenu comme le prouvent les chiffres suivants :

DÉPENSES.		Francs
Achat de 160 acres à $6.00	$ 960	4,800
Construction d'une maison et d'une petite étable........	500	2,500
Total.....................................	$1.460	7,300

REVENU.		Francs
100 acres cultivés en blé donnent en moyenne 20 minots à l'acre, soit 2,000 minots, qui vendus 60 cents, prix minimum représentent........	$1,200	6,000
Dont la moitié pour le propriétaire est de.........	600	3,000
Si seulement 80 acres sont mis en culture, la récolte sera de 1,600 minots ou....................................	960	4,800
Moitié pour le propriétaire..............	480	2,400

(La récolte s'élève souvent à 30 minots et le prix à 80 cents (4 frs.), nos calculs ne sont donc nullement exagérés.)

Sur ce revenu de $600 (3,000 frs.), le propriétaire aurait à fournir :

		Francs
La semence, 200 minots à 70 cents	$ 140	700
Frais de surveillance et de gérance 10 p. c. du revenu..	60	300
Taxes municipales, assurances, dépenses diverses, imprévu..	25	125
Total.	$ 225	$1,125

Coût d'une ferme de 160 acres (64½ hectares)...........	$1,460	7,300
Bénéfice sur une culture de 100 acres (40 hect.).........	375	1,875

Soit 25 o/o.

S'il n'est mis en culture que 80 acres (32 hectares), ce bénéfice est réduit à $255 (1275 frs.), ou 17 o/o, mais il s'augmente de $60 (300 frs.), lorsque le propriétaire gère lui-même ses affaires et exerce la surveillance pour lesquels il est alloué 10 o/o dans les dépenses.

Le capital nécessaire à cette opération n'a pas besoin d'être très considérable, car les terres peuvent être achetées en partie à crédit ainsi que les instruments d'agriculture, et l'argent disponible employé pour les constructions.

Inutile de dire que la grandeur des fermes peut être augmentée ou diminuée à volonté et les termes du contrat différer avec les nôtres, le tout dépend des conventions passées entre le propriétaire et le fermier.

Quant à la part revenant au fermier, pour son travail de l'été, elle serait de $480 à $600, soit 2,400 à 3,000 frs., ce qui n'est pas à dédaigner.

L'AFFERMAGE AVEC LE SYSTÈME MIXTE.

Nous avons supposé que sur une ferme de 160 acres (64½ hectares) il n'était semé en blé que 80 ou 100 acres (32 ou 40 hect.), il reste donc encore assez de paturages et de foin sur la propriété pour y pratiquer l'élevage, ce qui pourrait se faire sur les bases suivantes :

Le propriétaire fournirait des vaches au fermier et pour chacune d'elles recevrait pour la location $6 (30 frs) par année. Le fermier garderait pour lui le produit en lait, serait responsable pour la moitié des pertes ou mortalités, mais partagerait avec le propriétaire, tous les trois ans, le croît du troupeau, c'est-à-dire que les pertes comme l'augmentation survenues dans le troupeau, seraient partagées également entre le propriétaire ot le fermier.

Cette nouvelle et équitable opération donnerait les résultats suivants

DÉPENSES.		Francs
Achat de 10 vaches à $25..	$250	1,250
Agrandissement de l'étable et autres dépenses.............	110	550
Total..	$360	1,800

REVENU.		Francs
Location de 10 vaches à $6 chaque soit pour 3 ans.......	$180	900
Augmentation du troupeau en 3 ans, 24 têtes dont 12 au propriétaire d'une valeur moyenne de $12 (60 frs)......	144	720
Revenu total en 3 ans..	$324	1,620

Soit par an $108 (540 frs.) ou 30 o/o.

Pour une dépense supplémentaire de $360 (1800 frs.) on obtiendrait encore d'une ferme de 160 acres (64½ hect.) un revenu annuel de $108 ou 30 o/o, cela mérite bien considération. Le coût total de la ferme serait alors de $1,820 (9,100 frs.) produisant un revenu net annuel de $363 à $483 (1,815 à 2,415 frs.) soit de 25 à 26½ pour cent. Les propriétaires de France, de Belgique et d'ailleurs peuvent comparer leurs revenus avec ceux qu'on peut obtenir dans les prairies de l'Ouest du Canada et en tirer leurs conclusions.

LES GRAINS, LES LÉGUMES ET LES FRUITS.

Il n'est pas prudent de s'adonner exclusivement à la culture du blé, comme le font la plupart des cultivateurs, et nous ne cesserons de recommander la culture mixte, mais jusqu'à présent c'est le blé qui a constitué la principale richesse du pays. La variété semée est principalement le blé rouge dur d'Ecosse, le " *Red Fyfe* ", dont la précocité remarquable, le rendement élevé en grain et en farine font un des meilleurs blés connus. La production de ce blé en 1887, s'est élevée à 14 millions de minots (5 millions d'hectolitres) et en 1888 à 20 millions de minots (7,200,000 hectolitres) répartie entre 15,000 à 16,000 fermiers. On donne la préférence au blé parce qu'il se vend toujours bien, mais cela n'empêche pas les cultivateurs de semer et récolter aussi en abondance, de l'avoine, de l'orge et tous les autres grains de l'Europe centrale ; le maïs indigène mûrit parfaitement ; les pois produisent beaucoup, mais ils ont une tendance à trop pousser ; aussi recommande-t-on de semer les variétés naines de préférence à celles à hautes tiges. Toutes les plantes à racines, viennent bien, les pommes de terre produisent énormément, les betteraves sont d'une richesse saccharine très grande par suite de l'absence de pluies ; il n'existe pas encore malheureusement de fabriques de sucre pour utiliser ces précieuses qualités, la plupart des légumes des pays tempérés réussissent aussi très bien ; on a vu aux expositions des choux et des betteraves pesant 36 livres, des courges de 190 livres, des carrottes de 11 et 12 livres et des pommes de terre de 3, 4 et même 6 livres, le tout obtenu sans engrais sur la terre vierge des prairies ; les oignons, les melons, les concombres, les tomates, les haricots et fèves, poussent dans tous les jardins.

Les fruits ne sont pas encore beaucoup cultivés, les vergers, sont rares, car le pays est nouveau, mais on trouve à l'état sauvage, la fraise, la framboise, la mure, les groseilles, les gadelles, les cassis, les bluets (myrtilles) les atocas (canneberges), les saskatounes ou poires qui ressemblent aux bluets et avec lesquelles on fait une espèce de vin agréable, les prunes et les cerises. Le houblon croît partout à l'état sauvage dans les bouquets de bois, il en est de même de la vigne sur les bords de la Rivière Rouge et de l'Assiniboine ; on a commencé à planter des pommiers, mais pour réussir il faut mettre les jeunes arbres à l'abri des vents du Nord. Le pays ne laisse donc rien à désirer sous ce rapport.

ANALYSES DU SOL DES PRAIRIES.

Les principaux éléments contenus dans le sol sont d'abord l'azote, puis la potasse et l'acide phosphorique qui y prédomine, mais ce qui est d'une importance particulière, c'est la chaux qui y est contenue et qui mettant l'azote en liberté le rend prêt à être absorbé par les végétaux. Cette dernière propriété manque à plusieurs sols, et lorsqu'elle manque, il faut avoir recours à des moyens artificiels, c'est-à dire ajouter au sol de la chaux ou de la marne (glaise contenant beaucoup de chaux).

Les analyses ci-dessous font voir combien sont riches les prairies du Grand Ouest du Canada et expliquent pourquoi elles restent si longtemps fertiles, même sans engrais.

Humidité		21.364
Matière organique contenant de l'azote équivalant à ammoniaque 23 °		11.223
Matières salines :		
Phosphate	0.472	
Carbonate de chaux	1.763	
Carbonate de magnésie	0.937	
Sels alcalins	1.273	
Oxide de fer	3.115	
		7.560
Matières siliceuses :		
Sable et silice	51.721	
Alumine	8.132	
		59.853
		100.000

Le sol ci-dessus est très riche en matière organique et contient tous les éléments d'un sol de bonne qualité.

(Signé) STEPHENSON MACADAM, M. D.,
Chimiste à Edinbourg, Ecosse.

Analyse comparée du sol du Holstein et du Manitoba :

	Sol du Holstein.	*Surplus de qualités du sol de la prairie.*
Potasse	30	198.7
Soude (sodium)	20	13.8
Acide phosphorique	40	29.4
Chaux	130	552.6
Magnésie	10	6.1
Azote	40	446.1

(Signé), V. EMMERLING,
Directeur du laboratoire de chimie de la Société d'Agriculture de Kiel, (Allemagne).

MOYENNE DES RÉCOLTES.

Aucun pays au monde ne peut donner, sans engrais, d'aussi belles récoltes.

Voici un tableau de la moyenne du rendement, par acre et par hectare, pour les principaux grains et légumes depuis 10 ans :

		Minots.		Hectolitres.
Blé	par acre	22	par hectare	20
Orge	"	26	"	23½
Avoine	"	36	"	33½
Pommes de terre	"	234	"	210
Betteraves	"	400	"	360

En 1887, cette moyenne a été :

		Minots.		Hectolitres.
Blé	par acre	32	par hectare	28.8
Orge	"	40	"	36.
Avoine	"	60	"	54.
Pommes de terre	"	238	"	214.
Betteraves	"	289	"	260.
Navets	"	366	"	329.4.

Un acre de terre de prairie produit de 1 tonne ½ à 3 tonnes de foin naturel. Il en coûte de 75 cents à $1.00 (3 fr. 75 à 5 fr.) pour la coupe et la mise en meule d'une tonne de foin.

MESURES FRANÇAISES ET ANGLAISES.

1 pied	—	0 m. 305	1 livre	— 0 kilg. 453
3 "	1 verge	0 m. 915	1 tonne (2.000 lbs.)	— 907 k.
1 mille	—	1609 m. 314	1 acre	— 40 ares.
1 minot	—	36 litres.	1 hectare	— 2½ acres
1 gallon	—	4 lit. 54	1 mille carré	— 258 hectares.

La corde a 8 pieds de long, 4 de haut et 4 de large ou 128 pieds cubes, 3½ mètres cubes ; la lieue vaut 3 milles ; la chaîne d'arpenteur, 66 pieds ou 20 mètres ; la perche ou pole, 16½ pieds ; le pied vaut 12 pouces de 2½ centimètres ; le dollar ou piastre ($), 5 frs 25 ; l'hectolitre 2¾ minots ; la piastre est divisée en 100 cents ou sous. Pour la facilité des calculs, dans cette brochure, nous n'avons compté la piastre ($) qu'à 5 frs.

CONVERSION DES RÉCOLTES A L'ACRE EN HECTARE.

10 minots par acre	—	9	hectolitres à l'hectare.
15 " "	—	13½	" "
20 " "	—	18	" "
30 " "	—	27	" "
40 " "	—	36	" "

POIDS LÉGAL AU MINOT DES DENRÉES AGRICOLES

La vente des produits agricoles se fait généralement en Canada à la mesure, c'est-à-dire au minot de 36 litres, mais le poids que doit peser au minot chaque denrée est déterminé par la loi de la manière suivante :

Avoine	34 livres	ou 15 kilogr.	422
Blé	60 "	" 27 "	216
Blé d'inde (maïs)	56 "	" 25 "	401
Fèves	60 "	" 27 "	216
Oignons	57 "	" 25 "	855
Orge	48 "	" 21 "	772
Pois	60 "	" 27 "	216
Pommes de terre	60 "	" 27 "	216
Sarrasin	48 "	" 21 "	772
Seigle	56 "	" 25 "	401

LES THERMOMÈTRES FRANÇAIS ET ANGLAIS.

On se sert presque toujours en Canada, dans les brochures officielles, pour marquer les températures, du thermomètre Fahrenheit, ce qui occasionne souvent des erreurs ou des confusions, lorsqu'elles sont lues en France, en Belgique et en Suisse. Les renseignements suivants sont donc utiles.

Dans le thermomètre Fahrenheit, la température de l'eau bouillante est indiquée par 212 degrés, ce qui correspond à cent degrés dans le thermomètre Centigrade. Le zéro du thermomètre centigrade, température de la glace fondante, est marqué 32 degrés dans le T. Fahrenheit. Dans ce thermomètre, le zéro est égal à 17½ degrés centigrades de froid. Voici d'ailleurs un tableau de comparaison entre les deux thermomètres :

COMPARAISON DES THERMOMÈTRES CENTIGRADE ET FAHRENHEIT.

Chaleur.		*Froid.*	
Fahrenheit.	Centigrade.	Fahrenheit.	Centigrade.
122 deg.	50 deg.	32	0 deg.
113 "	45 "	23	5 "
104 "	40 "	14	10 "
95 "	35 "	5	15 "
86 "	30 "	0	17½
77 "	25 "	4	20
68 "	20 "	13	25
59 "	15 "	22	30
50 "	10 "	31	35
41 "	5 "	40	40
32 "	0 "	49	45

NOTE.—9 degrés Fahrenheit valent donc 5 degrés Centigrades.

QUELQUES ERREURS ACCRÉDITÉES SUR LE CANADA.

LE FROID, LA NEIGE, LES SAUVAGES.

Le Canada, avec une superficie de plus de 900 millions d'hectares, se trouve, dans sa partie sud, sous la même latitude que l'Italie et le Midi de la France et ses régions septentrionales s'étendant presque jusqu'au pôle, il n'est pas étonnant qu'il y ait une grande variété de climat, mais de là à prétendre que notre pays tout entier n'est qu'un désert de glace et de neige, il y a loin.

On s'exagère beaucoup en Europe la rigueur de nos hivers ; on se fie souvent aux récits plus ou moins fantastiques de certains voyageurs qui n'ont visité le Canada qu'en hiver, ou bien aux rapports de gens qui n'y ont jamais mis les pieds. Il en résulte les idées les plus fausses et les plus absurdes et comme complément des questions dans le genre de celles-ci :

—" J'ai lu dans une brochure sur le Canada qu'en hiver, les rivières gelaient complètement, mais alors comment font les vaches pour boire ; se passent-elles d'eau ou fait-on fondre de la neige pour s'en procurer ? "

—" Est-il vrai qu'en Canada, il tombe 3 mètres de neige (10 pieds) en hiver, mais alors il est impossible de sortir, car on doit en avoir par dessus la tête ? "

Il est pourtant bien simple de penser que les rivières ne gèlent pas jusqu'au fond ; qu'il suffit de casser la glace qui couvre leur surface pour y puiser de l'eau en abondance et qu'enfin, en admettant même qu'il tombe 10 pieds de neige, ce n'est pas d'un seul coup, mais en plusieurs fois dans tout le cours de l'hiver, ce qui laisse à chaque couche le temps de durcir pour pouvoir supporter les voitures et les piétons.

Ces questions, posées par des gens n'ayant qu'une certaine instruction, ne nous étonnent pas, mais ce qui nous afflige profondément c'est de voir des hommes éminents, sous tous les rapports, calomnier un pays qu'ils ne connaissent malheureusement pas et l'un d'eux même exprimer ainsi son opinion dans un congrès en Belgique :

" Le climat du Canada est trop rude pour les Belges. La neige y couvre le sol pendant neuf mois de l'année. Les établissements sont lointains. Il faut s'enfoncer à mille lieues dans l'intérieur des terres pour y faire des acquisitions avantageuses, sans autre lien de communication que des rivières ou quelques rares lignes de chemin de fer. Il faut pour y réussir un capital, une santé robuste, une volonté de fer."

Ces quelques lignes contiennent presque autant d'erreurs que de mots et cette brochure répond à toutes les objections ; quant au climat, la vérité la voici :

Dans toute l'Amérique du Nord, et par conséquent en Canada comme aux Etats-Unis, les hivers sont plus rigoureux qu'en Europe, à latitude égale ; ils sont aussi un peu plus longs. L'hiver commence généralement dans la Province de Québec du 15 novembre au 1er décembre et un peu plus tôt dans l'Ouest du Canada. Il tombe à Québec, pendant cette saison de trois à quatre pieds de neige ; dans l'Ouest il n'y en a pas plus de deux pieds et même souvent pas du tout dans la Colombie ; il fait un peu plus froid au Manitoba l'hiver que dans la Province de Québec, mais le printemps s'y fait sentir un mois plus tôt.

Pendant l'hiver exceptionnellement doux de 1888-89, la neige n'est tombée véritablement à Montréal que vers le 15 janvier et elle achevait de disparaître le premier d'avril ; dans les environs de Winnipeg, la capitale du Manitoba, on semait du blé le 20 mars et même plus tôt encore dans l'Ouest, ce qui n'a pas empêché tout le monde de se plaindre de l'hiver, parce que la neige manquait car au lieu d'être un embarras et une nuisance, elle est au contraire une richesse et est toujours la bienvenue.

La neige du Canada n'est pas désagréable comme celle de France, de Belgique et d'Angleterre, elle est sèche et non humide, *elle ne mouille pas;* elle protége le sol et le féconde. Au contact du froid elle durcit et forme de magnifiques routes glacées qui permettent au bûcheron de pénétrer partout dans la forêt pour y exploiter le bois et au cultivateur de venir apporter ses denrées au marché. L'hiver, c'est la saison des affaires, de l'activité et de l'animation ; l'époque des visites, des promenades au grand air, des veillées ; les traineaux remplacent les voitures à roues, le soleil brille presque toujours d'un vif éclat, quoique sans chaleur, et c'est parce que l'absence de neige nuisait aux communications que le commerce se plaignait du magnifique hiver de 1889.

Le thermomètre oscille ordinairement, en hiver, entre zéro et 5 degrés de froid, il descend quelquefois, il est vrai, jusqu'à 25 et même 30° centigrades au-dessous de zéro, mais c'est une exception qui ne dure qu'un jour ou deux, et l'on ne s'en aperçoit pas, pour ainsi dire, lorsqu'il y a absence de vent ; les maisons sont chaudes, l'usage des poëles est général et l'on est capable de sortir dehors même par les plus basses températures.

Il est un fait certain que l'Européen souffre moins du froid en Canada que dans sa patrie et qu'au bout d'un an ou deux, il arrive à préférer notre hiver un peu rigoureux, notre air pur, vif et sec, mais sain et salubre, à la brûme, aux pluies glaciales et à la boue qui distinguent les hivers d'Europe. La seule précaution à prendre, pendant l'hiver, est de ne jamais sortir sans un pardessus quelconque pour que la transition entre la chaleur des maisons et le froid du dehors ne soit pas trop brusque ; on évite ainsi les rhumes et les fluxions de poitrine. Si on veut bien aussi considérer que, depuis cent ans, la population canadienne s'est doublée tous les vingt-huit ans, par l'excédent seul des naissances sur les décès, on arrivera facilement à la conclusion que, dans tous les cas, l'hiver du Canada n'est pas un obstacle à ce genre de *colonisation.*

La longueur de l'hiver est amplement compensée, en été, par la rapidité de la végétation qui est vraiment prodigieuse et dont on ne peut se faire une idée en Europe ; ainsi la vigne fleurit à la fin de juin, les foins se font en juillet, la moisson en juillet, août et septembre, et le fameux blé " *Red Fyfe* ", ne prend que 90 jours pour arriver à maturité.

Tel est simplement l'hiver du Canada.

Une autre idée fausse, c'est de se figurer notre pays comme peuplé de sauvages indiens et de croire que les *Canadiens* forment une race à part, couverts de peaux de bêtes, chaussés de raquettes, des plumes sur la tête, un arc et des flèches à la main, tout prêts à *scalper* leur ennemi. C'est là encore une invention de quelques romanciers qui ont cru faire ainsi de la couleur locale pour frapper l'imagination de leurs lecteurs, et on en est arrivé à voir représenter dans d'excellents livres sur la géographie et les sciences, écrits par des hommes sérieux, la chûte Montmorency, près de Québec, gardée par un sauvage en costume de guerre.

Les sauvages (indiens) du Canada sont peu nombreux et presque tous civilisés ; ceux qui habitent parmi les blancs se mêlent à eux, cultivent la terre et viennent travailler sur les fermes ; les autres se livrent à la pêche et à la chasse, tous, bien traités par le gouvernement, sont complétement inoffensifs. Que nos chers compatriotes célibataires ne nous demandent donc plus des photographies des *femmes* du pays, pour voir leur figure et la couleur de leur peau ; s'ils viennent en Canada, ils y trouveront, à leur choix, de jolies et charmantes Canadiennes-françaises ou Anglaises, qui feront certainement aussi bien qu'en Europe des épouses dévouées, d'excellentes mères de famille et le bonheur de leurs maris.

DERNIÈRES CONSIDÉRATIONS SUR LES AVANTAGES DU PAYS

Les belles prairies de l'Ouest du Canada conviennent surtout aux émigrants d'Europe et aux fils des cultivateurs de la Province de Québec qui ne veulent pas s'enfoncer dans la forêt pour s'y tailler un patrimoine. Là, pas de bois à abattre ni à faire brûler, pas de souches à arracher, la terre est toute faite, couverte partout d'un riche gazon naturel, toujours prête à recevoir le soc de la charrue ; le temps qu'on emploie ailleurs à abattre les arbres est employé ici à labourer et à semer. En toute saison le colon peut se rendre en voiture jusque sur son lot, et s'il vient au mois de juillet ou d'août, il peut dès le lendemain de son arrivée couper à la faucheuse tout le foin nécessaire à l'hivernement de ses animaux. Deux bœufs labourent de un acre à un acre et demi par jour, dans le cours de l'été, le cultivateur peut ainsi préparer de 25 à 30 acres ; s'il a de quoi vivre en attendant la moisson prochaine, son avenir est assuré, au bout d'un an il se trouvera plus avancé qu'un colon établi sur une terre boisée au bout de 10 à 12 ans d'un dur travail de défrichement.

On n'y ressent pas de ces coups de vent épouvantables, de ces cyclones qui sèment partout, sur leur passage, la mort et la dévastation, comme dans le Dakota et l'Ouest des Etats-Unis. On n'y éprouve jamais de sécheresse comme au Texas et dans l'Amérique du Sud, il ne pleut pas souvent mais les récoltes n'en souffrent jamais, car en hiver la terre gèle à une profondeur de 2 à 3 pieds et au printemps elle dégèle doucement, fournissant longtemps l'humidité nécessaire à la végétation. Le climat est chaud en été, froid en hiver, mais d'une salubrité incontestable ; il n'y règne ni fièvres ni maladies épidémiques, l'air est partout pur, sec et vivifiant. Il n'y a pas de bêtes féroces, ni de serpents, mais des animaux à fourrures précieuses, du gibier et du poisson en abondance. " Ah ! si en France on connaissait ce pays, s'écriait M. Bigot, Français de la Loire Inférieure, actuellement établi à Oak Lake, tout le monde y viendrait." Le brave cultivateur résumait en ces quelques mots les nombreux avantages du Grand Ouest du Canada.

LE CANADA, LE PLUS BEAU PAYS DU MONDE.

En 1763, la France cédait à l'Angleterre un territoire immense comme l'Europe,le Canada et ce que Voltaire appelait dédaigneusement "quelques arpents de neige '.es devenu un grand pays de plus de cinq millions d'habitants et il y a de la place pour 100. Traversé par le plus beau fleuve du monde,le St-Laurent, que les navires du plus fort tonnage remontent jusqu'à 1,000 milles (1852 kilomètres) de son embouchure, pour venir accoster aux quais de Montréal, le Canada possède les plus grands lacs du monde, les lacs Supérieur, Huron, Erié et Ontario ; le plus grand pont du monde, le pont Victoria, en face de Montréal, d'une longueur de 9,184 pieds (2,800 mètres) ; la plus puissante compagnie du chemin de fer, la Compagnie du Pacifique, exploitant la plus longue ligne du monde, le chemin de fer Canadien du Pacifique qui, sans compter les embranchements, s'étend de Québec à Vancouver, de l'Atlantique au Pacifique, sur une longueur de 3,078 milles (4.954 kilom.), et les trois plus puissantes lignes de steamers du monde, les lignes Allan, Dominion et Beaver. Le Canada est plus près d'Europe que les Etats-Unis, car Halifax, son port d'hiver, n'est qu'à 2,480 milles de Liverpool, tandis que New-York en est à une distance de 2,986 milles, son système de navigation par les lacs, les fleuves et les canaux est incomparable, et il est sillonné, en tous sens, par 10,697 milles de chemins de fer (17,215 kilomètres) soit un kilom. par 307 habitants. Enfin, le Canada est peuplé par les enfants de deux grandes nations, les Anglais et les Français, qui s'entendent parfaitement, sur ce continent, pour arriver à faire de leur nouvelle et commune Patrie, le plus beau, le plus prospère et le plus libre pays du monde.

COMMENT VENIR EN CANADA.

Le voyage de France ou de Belgique en Canada prend de 8 à 10 jours ; jusqu'à présent la voie la plus courte et la moins coûteuse est la voie anglaise ; il faut traverser l'Angleterre en chemin de fer, ce qui évite deux jours de mer, et aller s'embarquer à Liverpool sur un des vapeurs des lignes Allan, Dominion ou Beaver, directement pour Québec ou Montréal en été et Halifax en hiver.

Ces trois compagnies ont des agents à Paris et dans tous les principaux ports d'embarquement. Les Français et les Suisses pourront passer par Paris, le Havre ou Dieppe, et les Belges par Anvers.

Le prix du voyage jusqu'à Montréal varie de 115 à 135 frs suivant les lieux de départ ; jusqu'à Winnipeg, Cypress River, Oak Lake, on doit calculer sur une dépense de 175 à 200 frs. On peut d'ailleurs obtenir des agents des lignes que nous venons de citer toutes les informations désirables. Lorsque le choix d'une localité pour s'y établir a été fait par l'émigrant, il vaut mieux, pour lui, prendre de suite un billet direct jusqu'à destination. Les enfants au-dessous de 5 ans voyagent gratuitement sur le chemin de fer Canadien du Pacifique et chaque émigrant a droit sur cette ligne, par billet entier, au transport gratuit de 300 livres de bagages, qu'il devra empaqueter solidement dans des boîtes munies de poignées, ne pesant pas plus de 150 livres.

En arrivant à Québec ou à Montréal, en été, à Halifax, en hiver, les bagages sont examinés par la douane, mais tous les effets, outils et linge des émigrants ne payent pas de droits et entrent en franchise (à l'exception des marchandises qu'ils pourraient amener pour vendre, ce que nous ne leur conseillons pas de faire). Après la visite de la douane, les bagages sont mis à bord du train et pour chaque colis, l'émigrant reçoit un *chèque*. On appelle chèque une petite pièce de métal numérotée qu'on attache à chaque pièce de bagage, tandis qu'une seconde pièce exactement semblable, portant le même numéro, est remise au propriétaire et lui sert de reçu. Dès lors la compagnie devient responsable du bagage et ne le livrera qu'à destination sur la présentation du chèque. Après avoir dépassé Montréal, les émigrants seront sur la route de leur future demeure qu'ils atteindront bientôt dans des wagons (chars) confortables où ils peuvent se coucher et dormir tout à leur aise pendant le trajet.

LES PRAIRIES DU CANADA ET LES PAMPAS DE LA RÉPUBLIQUE ARGENTINE.

On a essayé de comparer les fertiles prairies du Canada aux grandes et belles plaines de l'Amérique du Sud, (pampas), mais il suffit d'un simple examen pour constater la différence qui les sépare. Les prairies du Canada existent en effet depuis des centaines de siècles, tandis que celles de l'Amérique du Sud sont de formation récente, d'où il s'en suit nécessairement une moins grande fertilité.

Un Français, M. Emile Daireaux, établi dans la République Argentine, a publié récemment un livre : "*La Vie et les Mœurs à la Plata,*" (2 vol., Paris, Hachette), véritable monument élevé en l'honneur de sa patrie d'adoption. Voici son opinion sur les pampas : (vol. 2, pages 182 et suivantes.)

" La terre vierge (pampa), abandonnée à elle-même, n'est féconde que " par exception. Elle contient, en général, à la surface, et seulement par " places, une couche à peine perceptible d'humus, qui suffit à nourrir fort " mal des plantes d'un ordre très-inférieur, rudes, sauvages comme elles. " Le bétail n'y trouve qu'un aliment insuffisant...... Il faut que ces terres " soient fumées pour que leur fertilité se révèle. Si, sur la foi des légendes " et la réputation des terres vierges, l'homme leur demandait une produc- " tion de son choix, il reconnaîtrait vite leur stérilité...... Cette fumure ne " saurait être entreprise par l'homme...... Sans les troupeaux le sol reste- " rait stérile.

" Dans quelques contrées, cette œuvre de colonisation a été entreprise " avant l'arrivée de l'homme moderne, par des troupeaux d'animaux non " domestiqués. *Au nord de l'Amérique, avant la conquête, le buffle rem-* " *plissait cet office*.....

" A la Plata, celui qui entreprend la mise en valeur d'une zone de terre " vierge, a pour premier soin d'y répandre des troupes de chevaux, qui " ont pour unique mission de fouler le sol...... Après cette première " période, les troupeaux de bœufs apparaissent. Alors, commence sous le " pied patient de ce promeneur paisible, la seconde façon de foulement et " de fumure..... Pendant ces longues années, le produit sera quelquefois " bien mince. Ce n'est qu'alors que le sol aura été, pendant assez long- " temps, fumé et foulé, qu'il pourra se couvrir d'un épais tapis de grami-

" nées, sans laisser voir, entre les touffes, ces larges places vides, qui
" caractérisent le champ vierge ou mal élaboré et que le propriétaire
" retrouvera, quelquefois, le prix de ses peines et les intérêts de son
" capital......"

Comme on le voit, M. E. Daireaux reconnaît la supériorité des prairies du Canada. En parlant du prix des terres dans la République Argentine, (vol. 2, pages 319 et 366), il dit :

" Les meilleures prairies situées à proximité des lignes de chemins de
" fer valent aujourd'hui de 400 à 600 frs l'hectare ($32 à $48 l'acre).....
" Dans l'intérieur, sur les rives du Parana, les colons devront payer plus
" de 100 frs l'hectare ($8 l'acre.")

A la page 347, il évalue la surface cultivée en blé à 430,000 hectares et la production à 3,250,000 hectolitres (8,937,500 minots), soit 7½ hectolitres à l'hectare ou 8 minots à l'acre, mais M. Calvet dans un rapport au ministre du commerce de France, parle d'un rendement un peu plus élevé, 10 hectolitres à l'hectare (11 minots par acre), or on a vu que la moyenne au Manitoba est de 22 minots à l'acre ou 20 hectolitres à l'hectare.

Un autre Français, M. Roux Bonnet, a publié dans le Bulletin de la Société de Géographie Commerciale de Paris, année 1886, vol. 8, page 539, une notice très-favorable à la République Argentine; elle contient les renseignements suivants obtenus par les colons dans la culture :

" 50 hectares cultivés en blé ont produit 22,000 kilogr., (soit 440 kilogr. à l'hectare), qui vendus, 12 frs les 100 kilogr. ont produit 2,750 frs (55 frs par hectare). Les frais d'ensemencement et de récolte s'étant montés à 1,500 frs, il est resté au colon pour son travail un bénéfice de 1,250 frs, soit 25 frs par hectare ou $2 par acre."

Or 22,000 kilogr. pour 50 hectares (125 acres), forment 300 hectolitres (825 minots,) ce qui fait une récolte à l'hectare de 6 hectolitres ou par acre 6⅗ minots.

Il reste au cultivateur de la République Argentine *pour payer son travail* 25 frs. ($5) par hectare ou $2 (10 frs) par acre ; dans le grand Ouest du Canada, *son travail payé*, il lui reste un bénéfice net de $4.75 par acre (59 frs. 37 par hectare). Nous devons faire remarquer aussi que dans sa notice M. Roux Bonnet n'évalue les dépenses de culture qu'à 30 frs. par hectare, soit 12 frs. 50 ($2.50) par acre, ce qui est certainement trop faible, tandis que nous avons compté pour les mêmes travaux en Canada (voir page 42) une somme de 90 frs. 63 par hectare ou 36 frs. 25 ($7.25) par acre, ce qui est plus raisonnable.

De son côté, un ex-consul des Etats-Unis regarde la République Argentine, comme le plus riche pays du monde, parce que, dit-il, la moyenne de la récolte par tête y est de 39 minots, (14 hectolitres), mais les statistiques officielles du gouvernement du Canada prouvent qu'en 1887 la moyenne de la récolte au Manitoba a été de 120 minots par tête (43 hectol.) et qu'année moyenne elle est de 100. (36 hectol.)

Si donc le colon d'Europe trouve avantage à aller s'établir dans les pampas de la République Argentine, il est évident qu'il en trouvera aussi de beaucoup plus grands en venant cultiver les prairies du Canada. Voici les principales différences entre les deux pays.

TABLE DES MATIERES

PREMIÈRE PARTIE

DEUXIÈME PARTIE

Pour toutes informations, s'adresser à OLIVIER ARMSTRONG, Agent de Colonisation, rue St-Jacques, 253, Montréal, Canada.

CONCESSIONS GRATUITES, PRÉEMPTIONS, ETC.

Comment les obtenir dans le Nord-Ouest Canadien

REGLEMENTS CONCERNANT LES CONCESSIONS DES TERRES FEDERALES.

Sous l'empire des règlements concernant les terres fédérales, toutes les sections impaires arpentées, exception faite des numé-s 8 et 26, dans le Manitoba et les Territoires du Nord-Ouest (qui n'ont pas été affectés à l'établissement gratuit), réservées pour rocurer des lots à bois aux colons ou dont il est autrement disposé, sont exclusivement affectées aux établissements gratuits et réemptions.

ETABLISSEMENTS (Homesteads.—Des établissements gratuits peuvent être obtenus sur paiement d'un honoraire de dix ollars, sous réserve des conditions suivantes quant à la résidence et à la culture :

Dans la "Réserve de la Zone d'un Mille," c'est-à-dire les sections paires situées dans les limites d'un mille de la ligne-mère ou es embranchements du chemin de fer Canadien du Pacifique, et qui ne sont pas mises à part pour des emplacements de ville ou es réserves faites relativement à des emplacements de ville, stations de chemins de fer, postes de la police à cheval, mines et utres fins spéciales, le colon doit commencer à résider réellement sur son établissement dans les six mois à compter de la date de on inscription et résider sur le terrain et en faire son chez-soi au moins six mois sur douze pendant trois ans à compter de la date e l'inscription ; et doit, dans la première année après la date de son inscription d'établissement, labourer et préparer pour la se-nence dix acres de son établissement d'un quart de section ; et doit, dans la seconde année, ensemencer ces dix acres et labourer t préparer pour la semence quinze autres acres, faisant en tout vingt-cinq acres ; et, dans la troisième année après la date de son nscription d'établissement, il doit ensemencer ces vingt-cinq acres et labourer et préparer pour la semence quinze autres acres, en orte que dans les trois ans à compter de la date de son inscription d'établissement, il n'ait pas moins de vingt-cinq acres ense-nencés et quinze autres acres labourés et préparés pour la semence.

Les terres autres que celles comprises dans la Zone d'un Mille, les réserves d'emplacements de ville et les districts miniers, euvent être prises suivant l'une ou l'autre des trois méthodes suivantes, savoir :

1. Le colon doit commencer à résider réellement sur son établissement et en cultiver une portion raisonnable dans les six mois le la date de l'inscription, à moins que l'inscription n'ait été faite le ou après le 1er septembre, auquel cas il peut commencer à ésider le 1er jour de juin suivant et doit continuer à résider sur le terrain et le cultiver pendant au moins six mois sur chaque ouze mois pendant les trois ans.

2. Le colon doit commencer à résider réellement, ainsi que ci-dessus, dans un rayon de deux milles de son établissement et insi résider dans ce rayon au moins six mois sur chaque douze mois pendant les trois années suivant immédiatement la date de inscription d'établissement ; et doit, dans la première année à compter de la date de l'inscription, labourer et préparer pour la emence dix acres de son établissement d'un quart de section ; et doit, dans la seconde année, ensemencer ces dix acres et labou-er et préparer pour la semence quinze autres acres, faisant vingt-cinq acres ; et, dans la troisième année après la date de son nscription d'établissement, il doit ensemencer ces vingt-cinq acres et labourer et préparer pour la semence quinze autres acres, n sorte que dans les trois ans à compter de son inscription d'établissement, il n'ait pas moins de vingt-cinq acres ensemencés et it construit sur le terrain une maison habitable dans laquelle il aura résidé pendant les trois mois précédant immédiatement sa lemande en obtention de lettres-patentes.

3. Le colon doit commencer à cultiver son établissement dans les six mois après la date de l'inscription, ou, si l'inscription a té obtenue le 1er jour de septembre d'une année quelconque, alors avant le 1er jour de juin suivant ; doit, dans la première année, abourer et préparer pour la semence pas moins de cinq acres de son établissement ; doit, la seconde année, ensemencer ces cinq cres et labourer et préparer pour la semence pas moins de dix autres acres, faisant pas moins de quinze acres en tout ; devra voir bâti une maison habitable sur l'établissement avant l'expiration de la seconde année, et, au commencement ou avant le ommencement de la troisième année, devra avoir commencé à résider dans cette maison, et devra avoir continué à y résider et à ultiver son établissement pendant pas moins de trois ans précédant immédiatement la date de sa demande en obtention de ses ettres-patentes.

Si un colon désire obtenir ses lettres-patentes en moins de temps que les quatre ou cinq ans, selon le cas, il peut acheter son tablissement, ou établissement et préemption, selon le cas, en fournissant la preuve qu'il a résidé sur l'établissement au moins louze mois après la date de l'inscription, et, si l'inscription a été faite après le 25 mai 1883, qu'il en a cultivé (30) trente acres.

PRÉEMPTIONS.—Tout colon peut (en même temps qu'il demande une inscription d'établissement, mais pas plus tard), s'il y du terrain disponible attenant à son établissement, s'inscrire pour un autre quart de section à titre de préemption, en payant un ionoraire de dix dollars.

Le droit de préemption donne au colon qui obtient une inscription de préemption le droit d'acheter le terrain sur lequel il a insi un privilège de préemption, du moment qu'il a acquis le droit d'avoir des lettres-patentes pour son établissement ; mais si le olon manque de remplir les conditions d'établissement gratuit, il perd tout droit à son privilège de préemption.

Le prix des terres de préemption non comprises dans les réserves d'emplacements de ville est de ($2.50) deux dollars et cin-uante cents l'acre. Lorsque le terrain est au nord de la borne septentrionale de la concession de terre, le long de la ligne prin-ipale du chemin de fer Canadien du Pacifique, et n'est pas à moins de vingt-quatre milles d'un embranchement de ce chemin ou le douze milles d'un autre chemin de fer, les terres de préemption se vendent deux dollars l'acre.

Les paiements de terre peuvent être faits en argent, certificats de terres (scrips) ou mandats de primes de la police ou de rimes militaires.

BOIS.—Les colons dont les terres sont dénuées de bois peuvent, en payant un honoraire de cinquante cents, se procurer, de 'agent des bois de la Couronne, un permis de couper les quantités de bois suivantes, franches de droit, savoir : 30 cordes de bois le chauffage, 1,800 pieds linéaires de bois de maison, 2,000 perches de clôture et 400 autres perches pour couvertures.

Lorsqu'il y a, dans le voisinage, des terrains boisés disponibles à cette fin, le colon dont la terre est dénuée de bois peut acheter m lot à bois n'excédant pas vingt acres en superficie, à raison de cinq dollars l'acre comptant.

Des baux de coupes de bois sur des terres, dans les limites des cantons (*townships*) arpentés, peuvent être obtenus. Les terres affectées par ces baux sont par là soustraites à l'inscription d'établissement et de préemption ainsi qu'à la vente.

Le gouvernement a réservé certains districts connus généralement sous le nom de *district houillier de la Cascade ou des Montagnes Rocheuses*, où l'on rencontre le charbon anthracite, et des districts dans les prairies où on rencontre les charbons bitu-mineux et les charbons lignites. Ces terrains seront mis en vente à des époques périodiques, par soumissions ou en ventes pu-bliques. Une mise à prix de $20.00 comptant par acre est faite sur les terrains du district de la Cascade, et de $10.00 comptant par acre sur tous les autres districts houilliers.

Pour obtenir des renseignements complets sur les conditions requises pour les soumissions, les ventes de bois, les terrain houilliers et autres terrains miniers, adressez-vous au secrétaire du département de l'Intérieur, à Ottawa, Ontario ; ou bien au commissaire des Terres Fédérales, à Winnipeg, Manitoba, ou à tout autre agent des Terres Fédérales dans le Manitoba ou dans les Territoires du Nord-Ouest.

A. M. BURGESS,
Députe Ministre de l'Intérieur.

OTTAWA, CANADA.

JARDIN POTAGER DANS LA PRAIRIE

A 6 MILLES DE WINNIPEG, D'APRÈS UNE PHOTOGRAPHIE.

www.ingramcontent.com/pod-product-compliance
Lightning Source LLC
LaVergne TN
LVHW020048170826
845678LV00001B/491
* 9 7 8 2 3 2 9 6 7 9 4 7 1 *